编织大花园 3

风随影动　译

温暖的手编小时光

今年秋冬，要编织什么呢？
帽子、围脖、连指手套还有半指手套，都是亮闪闪的明星配饰。
也推荐编织披肩、女士收腰长上衣、背心哟。
这里聚满了可爱的编织款式，从可以唰唰唰地完成的简单编织，到需要努力一下才能完成的作品，任君挑选。
快翻开书，找到你喜欢的作品吧。

· 郑州 ·

目录 Contents

摄影：Miyuki Teraoka　设计：Kana Okuda(Koa Hole)　发型及化妆：Yuriko Yamazaki　模特：Haruna Inoue

乐享秋冬时尚

手编服饰

当你感到冷风袭来的时候，编织就该登场了。
这里准备了许多手编的款式，
快来一起享受这个季节的时尚吧。

Wardrobe
01

阿兰风围脖

带有大型、连续的锁链花样
和如果实一般的绒球，
这件很有女人味的围脖
选用的是不会过于甜美的深色系线。

设计/菅野直美
制作/白井伸子
制作方法/p.78
使用线/Rover

戴的时候绕两圈，会更加暖和。
大大的绒球，很有存在感。

阿兰风手提包

外出时，可以携带一个可爱的编织手提包。
使用钩针编织出来的阿兰花样的织片紧密，
适合制作手提包。

设计/稻叶有美
制作方法/p.79
使用线/Rover

麻花花样使用的是交叉的拉针，
绒球则是通过枣形针呈现出来的。

阿兰风围巾

使用与手提包相同的花样钩织了围巾。
将细毛线与马海毛线并在一起钩织，
作品更加柔软。

设计/稻叶有美
制作方法/p.79
使用线/Chameleon Camera Solid、
Lourdes

中间部分使用雪尼尔线钩织，具有蓬松的质感。
花片看起来很像切开的柠檬，十分有趣。

Wardrobe
05

暖腿

使用优质的马海毛线
编织出了温暖的感觉。
很适合与漂亮的衣服搭配在一起。
虽然与p.39的枣形针手暖的编织方法相同，
但因使用了细线，竟呈现出如此的纤细感觉。

设计/ucono
制作方法/p.103
使用线/Lourdes

Like a lemon...

Wardrobe
04

花片连接的
三角形披肩

由两种线组成的花片很新颖。
柔软的触感也颇具魅力。

设计/ucono
制作方法/p.80
使用线/Mulberry、Ciniglia

扭花发带

将手拿包蝴蝶结的部分做成了发带。
将简约的桂花针织片扭一下，
再缝合固定好即可，十分简单。
样式百搭又漂亮。

设计/KUMIKO
制作方法/p.84
使用线/Ciniglia

Wardrobe
07

蝴蝶结花片
手拿包

将雪尼尔线并在一起使用
编织出了素雅的手拿包。
虽有蝴蝶结装饰，但并不会可爱过度，
反而显得魅惑又时尚。
不但适合参加聚会时携带，
日常生活中也很适宜。

设计/KUMIKO
制作方法/p.84
使用线/Ciniglia

Love
headband
and
clutch bag

拿的时候可以将手插入蝴蝶结的部分。
反面十分简约，会带来另一种感觉。（参见p.13）

圆育克收腰长上衣

使用柔软的小羊驼毛线
编织成了又轻又暖的收腰长上衣。
从可爱的圆育克上发散出来的
喇叭状的线条，甜美可爱。

设计/菅野直美
制作方法/p.82
使用线/Chiffon

两颗一排的小纽扣，以及钩针编织的纤细织片，
完美地呈现出了"可爱"的精髓。

用纽扣连接
的围脖

在两端使用纽扣连接的围脖，
可以有很多种戴法。
尺寸足够大，可以随意地一圈圈缠绕。

设计/钓谷京子(buono buono)
制作方法/p.84
使用线/Chiffon

arrange style

akazukin

在特别寒冷的日子里，可以将其中的一圈当作
风帽来戴。

Shawl is warm

在侧面也带有纽扣，
还可以当作披肩。

麻花花样和
镂空花样的披风

仔细地看一下，
只是将两片大大的长方形织片组合在一起，
所以一点儿也不难。
镂空的人字形花样，带来了轻盈的感觉。

设计/钓谷京子（buono buono）
制作方法/p.81
使用线/Giselle

arrange style

rain...?

转动后线条产生了变化。
V领令视线集中到纵向的花样上。

简约风
阿兰背心

带有麻花花样的简约风阿兰背心
与任何风格的衣物都可以搭配在一起，
可谓衣橱中的优等生。
使用苏格兰粗花呢线编织，使其别具特色。

设计/风工房
制作方法/p.83
使用线/Giselle

It is
the time
for lunch
soon

back style

后身片只有下针编织，可以放心了吧。
稍微努力一下，应该就能做到了。

作品中使用的线材

Lourdes
马海毛（小马海毛）60%、丝40%
全10色 25g/团，约280m 中细

Ciniglia
腈纶100% 全12色50g/团，约60m
略粗的粗线

Rover
羊毛100% 全5色40g/团，约56m
极粗

Giselle
羊毛（极细美丽诺）80%、锦纶20%
全6色40g/团，约76m 极粗

Chiffon
羊驼毛（小羊驼毛）100%
全8色 30g/团，约107m 中
细~粗

Mulberry
丝100% 全11色50g/桄，约125m
中细~粗

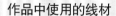

Chameleon Camera Solid
羊毛（防缩羊毛）75%、锦
纶25% 全5色 95~100g/团，
约420m 细

乐享外出

百变穿搭
推荐

这一次也将为大家介绍
能够充分利用已编织好的衣饰的搭配。
多编织出来一些作品
来充实你的衣橱，
再进行各种各样的搭配，
充分发挥它们的效果吧！

摄影：Miyuki Teraoka 设计：Kana Okuda(Koa Hole)
发型及化妆：Yuriko Yamazaki 模特：Haruna Inoue

COORDINATE
1

p.15阿兰花样的帽子+
p.4阿兰风围脖+
p.20萨米的连指手套

红色的编织服
与宽松的苏格兰粗花呢裤子搭配。
基础款的围脖与帽子
更能突显出主角连指手套的魅力。

COORDINATE
2

COORDINATE
3

p.10麻花花样和镂空
花样的披风+
p.35阿兰花样的暖袖

素雅的衣服颜色
令暖袖的黄色更加突出。
紧身裤与高跟鞋的搭配，
组成了略微成熟的风格。

p.16皮草贝雷帽+
p.11简约风阿兰背心+
p.35带皮草的半指手套

海军蓝色、灰色、白色的基础搭配
因素材的不同，更具魅力。
背心与船鞋、
贝雷帽的经典搭配，
是不问年龄都可以穿着的。

COORDINATE
6

p.6花片连接的三角形披肩+
p.5阿兰风手提包+
p.17爆米花针贝雷帽

冬季穿白色，真的很可爱！
令人印象深刻的花片组成的披肩
以及贝雷帽，令其增色不少。

COORDINATE
4

p.7扭花发带+
p.7蝴蝶结花片手拿包+
p.22费尔岛花样暖腿

披在肩上的毛衣选择了暖腿中使用的
绿色，相互呼应。
犹如天鹅绒的质感的发带和手拿包，
在休闲的感觉中又添了一分精致。

p.59皮草披肩领+
p.62拉针花样的绒球帽+
p.37珠编手暖

为了配合格子中长裙，
搭配了编织帽，显得更加休闲。
皮草披肩领与若隐若现的手暖
增强了时尚感。

COORDINATE
5

p.5阿兰风围巾+
p.24星星图案的袜子

脚上穿的袜子是搭配的亮点，
整体呈现出了简约而又优雅的感觉。
在脖子上围上一圈小小的围巾，
是最适合冬季外出散步的装扮了。

COORDINATE
7

Love! 编织帽

编织帽，在秋冬的时尚搭配中，是不可或缺的一项。
这里收集了即使是不怎么喜欢帽子的人都无法拒绝的帽子。
为了让大家编织起来更有趣，戴起来更开心，我们可是下了一番功夫，请一定找到自己喜欢的款式，编织出来试试看。

摄影：Yukari Shirai　设计：Megumi Nishimori　发型及化妆：AKI　模特：Haya

Love!
cap

改变了配色，感觉也不同了

底色线换为了蓝绿色线，
配色线换为了浅灰白色线。
图案更加突出，令人印象深刻。

小猫图案的帽子

脚下是小花、头顶是山峰，
在这大自然的环境中
织入了一排小猫。
帽顶并没有刻意剪齐的大绒球
是一大亮点。

设计/SHIZUKU DO
制作方法/p.88
使用线/芭贝British Eroika

带护耳的帽子

连耳朵也能暖融融的带护耳的帽子，
戴过一次后就欲罢不能了。
在阿兰花样主体的周围，钩织了一圈短针，
最后编了三股辫当作装饰。

设计/钓谷京子（buono buono）
制作方法/p.87
使用线/奥林巴斯Make Make

Love! cap

阿兰花样的帽子

与上面带护耳的帽子的花样相同，
编织了这个更方便的简约款的编织帽。
这是一款可以欣赏各种各样的阿兰花样，
且编织起来很有趣的帽子。

设计/钓谷京子（buono buono）
制作方法/p.87
使用线/和麻纳卡Warmmy

皮草贝雷帽

用茶色线编织滑针，
压住白色皮草线的针目，
编织出了独特的砖块花样。
蓬松的帽子，会显脸小哟。

设计/Ha-Na
制作方法/p.85
使用线/和麻纳卡Alpaca Lily、Lupo

与其他线组合在一起编织，
解决了皮草线不好编织的问题。
大家还可以尝试一下自然色的皮草线，
效果也不错哟。

Love!
beret

beret

配套的装饰花,
中间为yo-yo花,使花更蓬松。
使用与帽子相反的配色,编织出来也很漂亮。

爆米花针贝雷帽

交替地使用原色线钩织短针、
金褐色线钩织爆米花针,
组成了这个立体感强且有趣的织物。
由于是真丝和羊毛组成的线,
所以一年四季都可以戴。

设计/Ha-Na
制作方法/p.86
使用线/内藤商事Silk Wool

亮点在帽檐
礼帽和报童帽

礼帽

礼帽的线条是决定帽子是否好看的关键。
钩织帽顶与帽檐时，包裹着塑型丝，
可以使其保持漂亮的形状。
马海毛的装饰带及花朵装饰
透着一种成熟的感觉。

设计/草本美树
制作方法/p.89
使用线/和麻纳卡Bosk、Alpaca Mohair Fine

装饰带和花朵装饰
还可以当作衣服的装饰。
系在腰部的话，还可以做腰带。

Love!
hat

Love! casquette

条纹报童帽

休闲款的报童帽，
使用了帽檐芯，所以形状非常漂亮。
在秋冬季节，不但能完美地遮挡阳光，
还可以展现出干练又美丽的一面。

设计/松井美雪
制作方法/p.90
使用线/和麻纳卡Amerry

改变颜色，又是不同的感觉

只使用藏青色一种颜色编织的话，就会变为成熟、
素雅的感觉。
以花片的方式起头，是一款非常有趣的帽子。

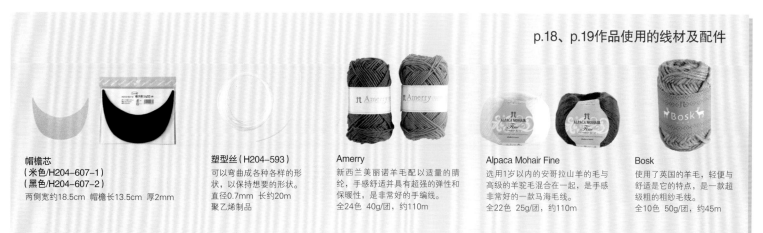

p.18、p.19作品使用的线材及配件

帽檐芯
（米色/H204-607-1）
（黑色/H204-607-2）
两侧宽约18.5cm 帽檐长13.5cm 厚2mm

塑型丝（H204-593）
可以弯曲成各种各样的形
状，以保持想要的形状。
直径0.7mm 长约20m
聚乙烯制品

Amerry
新西兰美丽诺羊毛配以适量的腈
纶，手感舒适并具有超强的弹性和
保暖性，是非常好的手编线。
全24色 40g/团 约110m

Alpaca Mohair Fine
选用1岁以内的安哥拉山羊的毛与
高级的羊驼毛混合在一起，是手感
非常好的一款马海毛线。
全22色 25g/团 约110m

Bosk
使用了英国的羊毛，轻便与
舒适是它的特点，是一款超
级粗的粗纱毛线。
全10色 50g/团 约45m

可爱的配色花样小物

从拥有可爱的配色花样编织的地域，例如北欧、设得兰群岛等地方，
收集来了今冬流行的温暖小物。

帽子、连指手套、袜子等，第一次编织配色花样的人，也都能很容易地完成哟。

摄影：Yukari Shirai 设计：Megumi Nishimori 发型及化妆：AKI 模特：Haya 撰文：Sanae Nakata

萨米的连指手套

拉普兰位于斯堪的纳维亚半岛和科拉半岛的北部。
在冬季，这里的极光熠熠生辉，
是欧洲屈指可数的寒冷地区。
在这里生活的萨米人代代相传的
是带有红色、蓝色、白色配色花样的连指手套。
不使用的时候，将两只手套上的流苏系在一起
直接挂起来，也很可爱。

设计/LAVVO（结城伸子）
制作方法/p.91
使用线/和麻纳卡Rich More Percent

Lapland
拉普兰

连指手套指尖的位置呈三角形。红
色与蓝色是萨米的代表色（萨米的
旗上使用的红色、蓝色、黄色、绿
色，是象征着这个民族的特别的颜
色）。

八芒星编织帽

八芒星是全北欧都在编织的
非常具有代表性的星星图案。
拥有八个顶点的星星在配色花样中，
是最古老的图案之一。
看起来也有点像雪花的八芒星，
是这款作品的主角。
在帽顶迅速地收紧，并装饰上了绒球。

设计/mooli
制作方法/p.92
使用线/芭贝Shetland

在灰色和藏青色的配色中，加入的
点点黄色将整体提亮，属于北欧的
风格。可以包裹住整个头部，非常
温暖。

Nordic
北欧风

Shetland

上/迷你型的玫瑰连续花样，增加了甜美的感觉。使用设得兰绵羊毛线，看起来就很温暖的配色，令人着迷。下/OX条纹是费尔岛花样中的基础图案。虽说费尔岛花样中的几何花样非常多，但树形的花片也很受欢迎。

费尔岛花样暖腿

配色花样之王费尔岛花样
诞生于英国苏格兰以北的设得兰群岛
中的一个小岛——费尔岛。
使用了多种颜色的条纹花样，乍一看会觉得非常复杂，
但是每一行只使用两种颜色，实在令人惊喜。
特别是暖腿，
无须加、减针，编织出筒状即可，
虽然花样精细，但编织起来却非常简单。

设计/冈本真希子
制作方法/p.28
使用线/Keito Jamieson's Shetland Spindrift

五朵花，每一排叶子的朝向都不一样。拇指是纯绿色。
手腕部分选用了罗纹针，大小正合适。

Estonia
爱沙尼亚

花朵花样的连指手套

爱沙尼亚属于波罗的海三国之一，
在各地都还留存有独特的编织方法，
是一个很吸引人的国家。
在编织小物中，以纤细的配色花样为多，
或许是因为离斯堪的纳维亚半岛很近的缘故，
在这里也能看到北欧编织物中通用的设计。
连指手套所使用的花朵花样，
是爱沙尼亚经常使用的花样之一。
这种花样，选用对比强烈的配色，
效果会更好。

设计/SUGIYAMATOMO
制作方法/p.93
使用线/Keito Jamieson's Shetland Spindrift

袜口的波浪形边缘，是使用拚针编织出镂空的感觉，再对折后形成的。

脚后跟处理成盒子的形状。由于不需要使用往返编织的技巧，所以编织起来简单且不容易错，初学者也推荐编织哟。

星星图案的袜子

位于爱沙尼亚南侧的拉脱维亚，
那里的人们一直都喜欢配合着民族服装
来编织带有传统配色花样的连指手套。
据说很久以前，编织被认为是女性修养的体现，
所以很多人从小就开始了棒针编织。
这个作品中，使用在连指手套中经常出现的小
编织成了袜子。
两种颜色的间隔很小，编织起来很顺手。

设计/SUGIYAMATOMO
制作教程/p.25
使用线/和麻纳卡Rich More Percent

Latvia
拉脱维亚

24

制作教程 *Lesson* 星星图案的袜子

这一次介绍的袜子，脚后跟部分没有使用往返编织的方法，因此可以轻松地挑战。
在编织配色花样时，最重要的一点是，底色线永远在下、配色线永远在上。
如果使用5根针编织的话，针目之间容易变松；若使用环形针则会比较均匀。

※配色花样的符号图请参照p.27。
※棒针的拿法、手指起针的方法、基本针目的编织方法，请参照p.76的图解。

编织袜口

1 原色线留出大约70cm长（想要编织的长度的3倍）的线头，将迷你环形针（4号）的两个针头并在一起，手指挂线起针（参照p.76）。

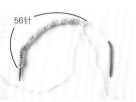

56针

2 起56针后，将其中一根针抽出。第1行完成。

3 在编织起点放一个记号圈，注意要将起针的针目顺平，不要扭转，连接成环形。第1针按照箭头的方向从左侧入针，编织下针。

4 到第4圈为止，全部编织下针（下针编织）。

左上2针并1针 ⅄

5 第5圈，按照箭头的方向，将针插入开头的2针中，编织下针。第二张图是左上2针并1针编织完成后的样子。

挂针 ○

6 在右棒针上，由前向后挂线（挂针）。

7 随后，重复以上2针并1针、挂针，直至第5圈结束。

8 第6~10圈编织下针。这是第10圈编织完成后的样子。

编织配色花样

配色花样A

9 原色线暂且不用，加入新的茶色线。配色花样A的第1圈编织下针，第2圈编织上针。

10 第2圈编织完成后的样子。

从第3圈开始，配色花样中以茶色线为底色线，以原色线为配色线编织。

11 第3圈，将两根线挂在左手食指上，底色线在下、配色线在上，使用底色线编织1针下针。

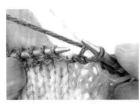

12 第1针按照步骤11中箭头的方向挂底色线后拉出（下针）。

13 第2、3针使用配色线编织下针。使用配色线编织时，要从底色线的上方渡线后再编织。

14 底色线从下侧渡线、配色线从上侧渡线，参照符号图编织第3、4圈。这是第4圈编织完成后的样子。

反面

反面渡线的长度要与针目的宽度保持一致，编织时要注意随时确认。

15 使用底色线，第5圈编织下针，第6圈编织上针。使用配色线，第7、8圈编织下针。这是第8圈编织完成后的样子。

配色花样B

16 换为5号针。开始编织配色花样B的第1行，也是茶色线为底色线，原色线为配色线。当底色线需要连续编织5针时，先编织2针，与配色线在反面交叉。

17 再编织第3针。

反面

在反面夹着配色线的样子。

※星星图案的配色线连续编织7针时，要在第4针时使用同样的方法在反面交叉一下。

18 参照符号图，编织配色花样B至第34圈。这是第34圈编织完成后的样子。两种颜色的线均留出15cm的线头后剪断。

※编织配色花样时，反面渡线的松紧程度要统一。不要过紧，也不要过松，一边编织一边确认，才能编织得更漂亮。

编织脚后跟

※脚后跟使用配色线做往返编织。

19 将第34圈的第1~14针和第44~56针移到迷你棒针（5号、5根一组）的其中1根上。第15~43针，留在环形针上，休针。

20 留出15cm的线头，加入新的配色线，编织下针。

21 随后继续编织下针。这是第1行编织完成后的样子。

滑针 Ⅴ

22 第2行，将织片翻至反面，将右棒针插入左棒针上的第1针中，不编织，直接将该针目移至右棒针上（滑针）。

23 剩余的针目编织上针。这是第2行编织完成后的样子。

左端　　　右端

24 第3行将织片翻回正面，重复1针滑针、1针下针，最后2针编织下针。这是第3行编织完成后的样子。

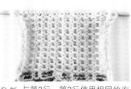

25 与第2行、第3行使用相同的方法，按照符号图编织22行。这是第22行编织完成后的样子。

正面

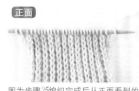

图为步骤25编织完成后从正面看到的样子。出现了凹凸，变为了略厚一些的织片。

右上2针并1针入

下针
移动后的针目

26　到第23行第19针为止，按照符号图编织。第20针从右侧插入右棒针，不编织，直接将该针目移至右棒针上，第21针编织下针。

27　挑起第20针，盖住刚刚编织的下针。这是右上2针并1针完成后的样子。

左上2针并1针ㄟ（从反面编织）

28　第24行，将织片翻至反面，第1针编织滑针，按照符号图编织12针。将右棒针从右侧插入第13、14针中，编织上针。

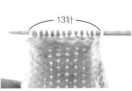

29　图为上针的左上2针并1针编织完成后的样子。

13针

30　翻回正面，从第25行开始，重复步骤26~29进行减针，参照图示编织至第36行，中央部分减至13针。

正面

图为步骤30编织完成后从正面看到的样子。从第23行开始，几乎呈直角般地立起。

约15cm

31　将剩余的针目移到右棒针上6针，在左棒针上剩余7针。留出大约15cm的线头后剪断。

编织脚面与脚底

32　加入新的线，底色线（茶色线）在下、配色线（原色线）在上。第1圈，按照符号图，先编织左棒针上的第1~7针。第8针按照箭头的方向插入右棒针。

33　按照下针编织的方法，将线挑出。继续从●的位置挑线，成为第9~18针。

11针

34　图为全部挑完后的样子。从脚后跟的行上共挑了11针。

35　第19针，在脚腕第34圈的第14针处，按照箭头的方向，将环形针（左）的针尖插入后挑起。

扭针

36　按照箭头的方向，将右棒针插入步骤35挑起的针目中，将针目扭一下后编织下针。

37　图为第19针扭针编织完成后的样子。

38　使用第2根棒针编织第20~34针（15针），使用第3根棒针编织第35~48针（14针）。第49针，按照箭头的方向，使用第4根棒针插入脚腕第34圈的第44处，挑取针目。

39　将右棒针按照箭头的方向，插入步骤38挑起的针目中，将针目扭一下后编织下针。

40　图为第49针扭针编织完成后的样子。

11针

41　使用第4根棒针从脚后跟的行上挑取第50~60针（共11针），然后继续编织剩余的第61~66针（共17针）。

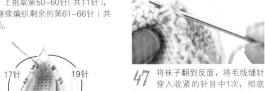

17针　19针

15针　　　15针

42　脚面与脚底的第1圈编织完成后的样子。

43　从第2圈开始，换为迷你环形针（5号），参照符号图，一边减针一边编织到第10圈。

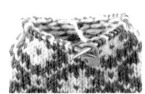

44　第11~39圈，无须加减针，按照符号图编织。这是第39圈编织完成后的样子。茶色线留出大约15cm的线头，剪断。

编织脚尖
※脚尖使用原色线编织。

约20cm

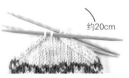

45　换为迷你棒针（5号、5根一组），参照符号图，一边减针一边使用原色线编织脚尖的第1~12圈。这是第12圈编织完成后的样子。原色线留出大约20cm的线头，剪断。

46　将步骤45中留出的线头穿入毛线缝针中，在棒针上剩余的针目中穿2圈。拉线头，将织片上的洞收紧，将线头从脚尖的洞中穿至反面。

47　将袜子翻到反面，将毛线缝针穿入收紧的针目中1次，彻底拉紧并藏好线头后，将线沿着织片剪断。

袜口的收尾
将编织起点的线头穿入毛线缝针中，挑取起针的第1针，消除行差，从反面拉出。

线头

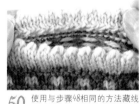

48　将线穿入反面的针目中，藏好线头。

49　沿着袜口第5圈，向内侧折叠。在毛线缝针中穿入新的原色线（约70cm），对齐起针与第10圈的针目，每隔1针用卷针缝松松地缝合。

50　使用与步骤48相同的方法藏线头。袜口完成。

收尾

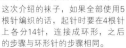

51　将袜子翻到反面，将编织过程中接线位置的线头，分别藏入与其同色的针目中。
※另一只袜子也使用相同的方法编织。

全部使用5根针编织的情况
这次介绍的袜子，如果全部使用5根针编织的话，起针时要在4根针上各分14针，连接成环形，之后的步骤与环形针的步骤相同。

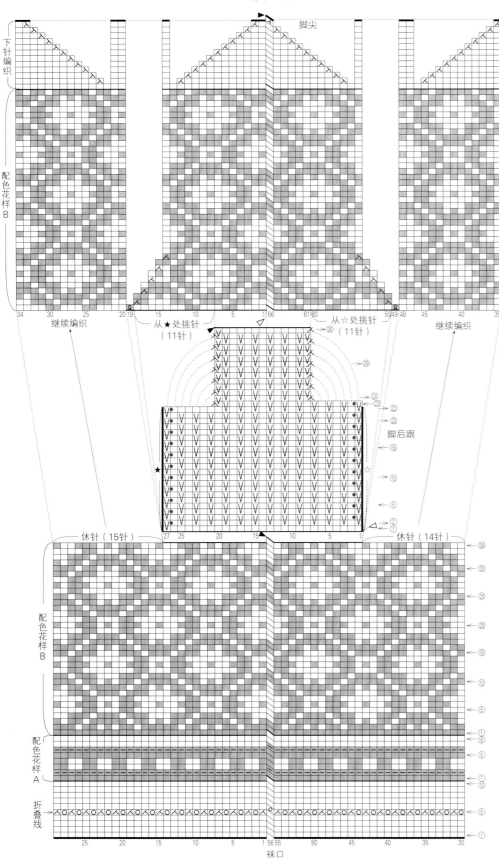

袜子 2片

下针编织
脚尖
配色花样 B
继续编织
从 ★ 处挑针 （11针）
从 ☆ 处挑针 （11针）
继续编织
脚后跟
休针（15针）
休针（14针）
配色花样 B
配色花样 A
折叠线
袜口

星星图案的袜子

材料与工具
和麻纳卡 Rich More Percent 原色（120）50g，茶色（100）33g
迷你环形针 5 号、4 号，迷你棒针 5 号（5 根一组）

成品尺寸
脚长约 22cm，袜长 21cm

编织密度
10cm×10cm 面积内：配色花样 25.5 针，29 行

制作要点
●手指挂线起针，起56针，连接成环形，参照图示，编织10圈下针编织，使用横向渡线的方法编织8圈配色花样A。随后编织34圈配色花样B。脚后跟的部分编织22行编织花样，参照图示，编织14行中央的13针。挑取★和☆部分的针目，与休针的针目一起编织。编织39圈配色花样B，脚尖部分一边做下针编织一边减针，共编织12圈。将线穿入最后1圈剩余的针目中，收紧。将编织起点一侧的下针编织，沿着折叠线向内侧折叠后，做卷针缝固定。

袜子 2片

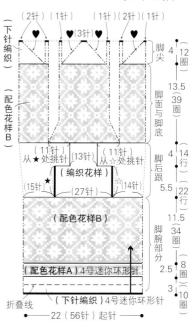

♥ =（−11针）

（2针）（1针）（1针）（2针）（1针）
（3针）
下针编织
配色花样 B
脚尖 4 12 圈
脚面与脚底 13.5 39 圈
从 ★ 处挑针 （11针）（13针）（11针）从 ☆ 处挑针
编织花样
脚后跟 4 14 行
（15针）（27针）（14针）5.5 22 行
配色花样 B
脚腕部分 11.5 34 圈
配色花样 A）4号迷你环形针 2.5 8 圈
折叠线
下针编织）4号迷你环形针 3 10 圈
22（56针）起针

※除指定以外均用5号迷你环形针编织。

● = 挑针的位置

$^2_1$ V = 滑针
第1行编织正常的下针，
第2行不编织，直接滑过

▷ = 加线
► = 剪线

□ = □

配色 ▨ = 茶色
□ = 原色

暖腿

做下针织下针、上针
织上针的伏针收针

费尔岛花样暖腿

材料与工具
Keito Jamieson's Shetland Spindrift 原色（343）
48g，浅茶色（141）21g，深绿色（788）10g，
粉色（186）、茶色（970）各5g，浅绿色（329）
3g
棒针5号、3号

成品尺寸
宽15cm，长36.5cm

编织密度
10cm×10cm 面积内：配色花样24针，30行

制作要点
●另线锁针起针72针，连接成环形，参照图示，使
用横向渡线的方法环形编织91圈配色花样。接着
编织28圈单罗纹针，其中，编织完第14圈要换
针，编织终点做下针织下针、上针织上针的伏针收
针。拆开另线锁针的针目，挑取72针，编织11圈
起伏针，编织终点伏针收针。

单罗纹针

配色花样

暖腿 2只

伏针
5号棒针
折叠线
3号棒针
（单罗纹针）

（配色花样）
5号棒针

30（72针）

（起伏针）

伏针
3号棒针
（72针）挑针

5 \ 9
14 \ 28
圈 / 圈

4 \
14 /
圈

30
91
圈

2.5 \ 11
    / 圈

完成图

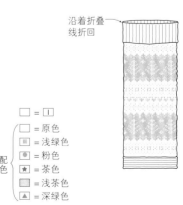

沿着折叠
线折回

□ = □
□ = 原色
□ = 浅绿色
● = 粉色
★ = 茶色
□ = 浅茶色
▲ = 深绿色

配色

起伏针

配色

72 70 65 35 30 25 20 15 10 5 1 上针的伏针收针

热爱编织
的国家

在爱沙尼亚和拉脱维亚遇到的编织物

我们成长在爱沙尼亚！

撰文、摄影：Sanae Nakata

协助：拉脱维亚国家旅游局、爱沙尼亚国家旅游局

在海外见到的编织物，都具有该国独有的特点。不仅是防寒用品，还会用于红白喜事，可以当作传统手工艺品来出售以增加收入，更可以通过它来体验制作手工艺品的乐趣。这一次我们采访的是邻近波罗的海的爱沙尼亚和拉脱维亚。下面，将为大家介绍因手作而备受关注的两个国家的编织的情况。

Estonia
爱沙尼亚

1 在基努岛上编织的奶奶们。她们平时都穿着民族服装。**2** 不仅是传统花样，时尚编织也非常多见。**3** 年轻的设计师设计的蕾丝编织的首饰。拍摄于塔林近郊的时尚商店Eesti Disaini Maja。**4** 编织帽及其上面的大朵羊毛毡的花朵，据说都是她自己亲手制作的。**5** 塔林手工艺品店中的商品。颜色鲜艳、拥有大型图案的连指手套居多，都能够给人留下深刻印象。在织片上做刺绣，也是在爱沙尼亚常见的技法。

爱沙尼亚的编织
继承着多种多样的技法

在爱沙尼亚首都塔林的老街上，带有红色屋顶的建筑鳞次栉比，犹如中世纪的街道一般。沿着城墙，有许多出售编织物的摊位，这里被称为"毛衣之墙"，是很有名的观光胜地。在这个国家，除此之外还有许多地方都拥有独特的编织物。

例如，从塔林开车约1小时就能到达的哈普萨卢，就诞生了十分纤细的镂空花样的披肩，在19世纪20年代曾被当作礼品敬献给俄国沙皇一族。遗留着独特的语言及文化的塞图玛地区，传承着多彩的棒针编织和钩针编织的技巧。在爱沙尼亚上千个岛屿中，穆胡岛使用多种颜色的配色花样进行编织，并且在手编小物上做刺绣的技巧，也堪称一绝。被收录到联合国教科文组织的非物质文化遗产名录的基努岛的传统编织，其细密精致的技术在全世界都大放异彩。

每一种编织物都具有特定的编织技法，经现代艺术家之手，又创造出了符合当今时代的设计，它们与新的技巧交相辉映，令国内外的编织爱好者深深地着迷。编织作为具有多种形式的手工艺，已经深深地扎根于爱沙尼亚。内涵深厚的传统编织及多种技法，都是这个国家的魅力之所在。

Latvia

拉脱维亚

来听听我的演奏吧

拉脱维亚的编织新风尚!

Cloudberry Factory

Ms. Inga

Ms. Adriana

多彩、具有童心的设计很受欢迎

Cloudberry Factory是制作编织服装和首饰的两位女性设计师的组合。拥有20年手编经验的因加（Ms. Inga）和负责彩绘与拍照的阿德里亚娜（Ms. Adriana），以年轻女性为对象，进行新式拉脱维亚编织的设计。多彩的小物件，成了时尚搭配的亮点，充满了与传统编织不同的魅力。

1 蓬松的款式十分可爱。**2** 左、右手上的两个图案可以合二为一。**3** 黄色与藏青色的对比色配色，使这款袜子成为成人也可以穿的、很具设计感的作品。**4** 鲜艳的蓝色与粉色蝴蝶结的组合十分可爱。

1 时尚No.1！戴着手编的花片连接的贝雷帽来逛集市。**2** 今年渐变线也很受欢迎。**3** 夏季小物首选亚麻线、棉线。**4** 在民间艺术集市的会场，传统的连指手套与袜子融入了森林的绿色之中。**5** 民间艺术集市虽然遇到了小雨，但依旧照常举办。由于前一晚下了雨，所以展位上罩上了塑料棚。**6** 马头是由袜子变化而来的?！**7** 在出售针织品的展位前，依旧在编织。她正在编织袜子。**8** 会场中除了手风琴，还可以欣赏到叮叮琴（类似于小型的古筝，是拉脱维亚的传统乐器）、民族舞蹈的表演。**9** 模仿蓟形状的编织花人气很高。据说可以用于家装布置。

在拉脱维亚的民间艺术集市上
学习欣赏"传统"的方法

　　拉脱维亚，宝贵的民族服装与代表诸神的图案一直代代相传。说到传统的继承，大家一定马上就会想到工匠们的世界中，由师傅传授给徒弟的模式，但就这个国家的状况来说，与那却截然不同。

　　最值得一提的是在每年6月召开的民间艺术集市。会场位于首都里加郊外的拉脱维亚野外民族博物馆。集会上，从事纺织、陶瓷器、编织等传统手工艺的人自不必说，各地活跃的手工艺团体、年轻的艺术家也会汇集于此。热闹非凡，犹如过节一般。来购物的人，无论男女老少都能体验到乐趣。

　　在会场上，时不时就能看到一边看摊儿一边在迅速地编织的人。无论是木工的展位还是纺织品的展位，都在编织。这个画面，能够向大家证明，在拉脱维亚的手艺活儿中，编织流传之广泛。

　　源于生活的手艺活儿想要传承下去，可以自然而然地流传在生活之中，是重中之重。能够代表拉脱维亚的连指手套亦是如此。被人们称之为传统的手艺活儿，可以被当作"自己感兴趣的事"来享受，使其魅力更上一层楼。

参加了 UNAGI TRAVEL（鳗鱼旅行团）

去旅行的编织玩偶

游览旅游胜地、品尝特色料理，旅行能够让人恢复精神。
这一次，送给一直陪伴我的编织玩偶们一趟完美的旅行作为礼物。
下面就将向大家公开附有纪念照片的旅行报告！

摄影：UNAGI TRAVEL(snapshot), Yukari Shirai 旅行协助：UNAGI TRAVEL 编织玩偶设计：Ayumi Kinoshita(mooli) 撰文：Sanae Nakata 路线规划：Noriko Kimura

Start

10:00
横滨

1-day trip
体验横滨篇

> 海风，好舒服！

在横滨集合。从横滨站东口乘坐海上巴士，出发！
先在海上欣赏横滨的风景。

布鲁诺
略微晚熟的男生。做事比
较谨慎，但也期待与人相
遇。不喜欢浓咖啡。

比安科
充满好奇心的乐天派。
正处于关注时尚的年纪
的男生。特别喜欢坐在
车上看外面的风景。

比安科和布鲁诺是棒针编织的玩偶。改变了耳朵的形状与
衣服的配色，就成了兔子和小熊。其柔软的身体颇具魅力。

观光路线

1 横滨
2 山下公园
3 横滨中华街
4 横滨市开港纪念馆
5 太空世界
（宇宙之钟 21）
6 横滨红砖仓库
7 大栈桥国际客运码头

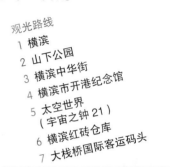

乘坐海上巴士
来一次水上的短途旅行

横滨中华街
是日本规模最大的唐人街。
区域内有500家以上的
中华料理店和特产店等。

到达山下公园

> 没事，没事

> 布鲁诺，
> 你晕船了吗？

海上巴士到达了公园的码头。
首先迎接两人的是"北太平洋女王"——冰川丸。
据说卓别林也曾乘坐过这艘豪华客轮。

11:00
山下公园散步

\横滨海洋塔/

> 到处都是
> 华丽的招牌呢

下一站：
横滨中华街

到达了中华街东侧的朝阳门。
现在就要进入中华街了。
在中华街能够看到的这个华丽的大门
叫作牌楼。
它充满了异国风情呢。

横滨的旅游景点中，不可不去的就是山下公园。
据说这里是日本第一家海边公园。
公园内穿红鞋子的少女塑像，也很有名。
在公园附近，还有横滨海洋塔。

13:30
横滨市开港纪念馆

水饺
我要开始吃啦

12:00
在中华街的山东新馆吃午餐

水饺是山东新馆的招牌午餐。
手擀的饺子皮，又厚又筋道。蘸着椰子风味的调味蘸汁
"我要开始吃啦"。该店位于香港路。

吃得
饱饱的啦

韭菜与生姜的量都很足，
可以让身体变暖哟！

午饭后，来到了横滨港未来地区。途中看到的高36m的钟塔
是横滨市开港纪念馆的标志。这个塔的昵称是"杰克王子"。
与神奈川县厅（国王）、横滨海关（王后）并称"横滨三塔"，
据传，连续看过这三个塔能够实现愿望。

16:00
横滨红砖仓库

接着去横滨红砖仓库。
这里经常会成为电视剧的外景地。
建筑中有活动大厅、特产店等，你知道吗？
（在电视剧中看过的风景，不知为何有一种拿波
里的感觉。）

14:00
欢迎来到
太空世界

那是横滨地标塔

据说最高处是
112.5m

好高……

白天，这里大约有30种游乐设施可供玩耍，
到了晚上，这里有绝美的夜景，是颇具人气的公园。
乘上摩天轮"宇宙之钟21"，可以体验大约15分钟的空中散步！

是横滨港湾大桥！

Goal

17:00
在大栈桥休息一下

旅行的终点，可以在大栈桥
悠闲地欣赏夕阳带来的魔法时刻。
歌曲中的美利坚码头就是这里了。
还可以远远地望到对岸太空世界的夜景。

今天过得很开心

头部 1个
※小熊：茶色
※兔子：白色

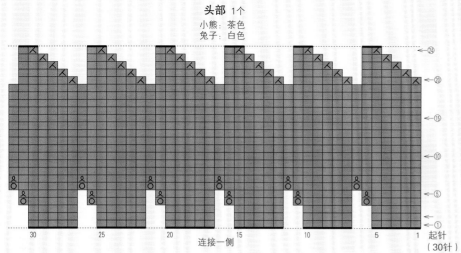

连接一侧

30 25 20 15 10 5 1 起针
（30针）

材料与工具

小熊
和麻纳卡 Rich More Percent 茶色（89）10g，蓝色（42）7g，黄色（101）、白色（1）各5g
兔子
和麻纳卡 Rich More Percent 白色（1）15g，蓝色（42）7g，红色（74）5g
通用
填充棉适量，直径 12mm 的鼻子用纽扣（小熊：黄色；兔子：黑色）各1颗，棒针4号

成品尺寸

参见图示

制作要点

●头部、身体、腿、手臂、耳朵，分别手指挂线起针，连接成环形，参照图示做下针编织。将线穿入最后1圈的针目中，收紧。除耳朵以外，均塞入填充棉。
●参照完成图，使用卷针缝将各部件缝合在一起。
●在脸上的指定位置刺绣上眼睛，缝上鼻子用纽扣。

	小熊	兔子
	蓝色	蓝色
	黄色	红色
	白色	白色

身体 1个

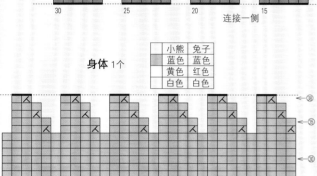

30 25 20 15 10 5 1 起针
头部连接侧 （30针）

※除耳朵以外，小熊、兔子的编织方法通用。

	小熊	兔子
	茶色	白色
	蓝色	蓝色

腿 2条

15 10 5 1 起针
连接一侧 （15针）

	小熊	兔子
	茶色	白色
	黄色	红色
	白色	白色

手臂 2条

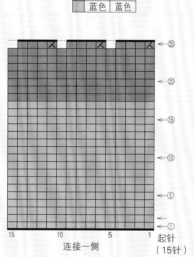

12 10 5 1 起针
连接一侧 （12针）

小熊的耳朵 2只 茶色

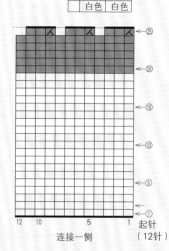

12 10 5 1 起针
连接一侧 （12针）

兔子的耳朵 2只 白色

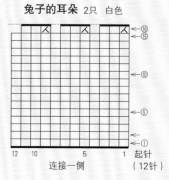

12 10 5 1 起针
连接一侧 （12针）

小熊　　**完成图**　　**兔子**

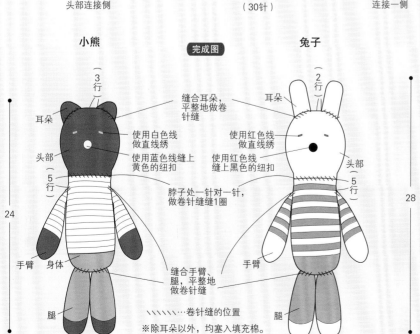

（3行）
耳朵
耳朵
头部
（5行）
手臂
身体
腿
24

缝合耳朵，平整地做卷针缝
（2行）
耳朵
使用白色线做直线绣
使用蓝色线缝上黄色的纽扣
脖子处一针对一针，做卷针缝缝1圈
使用红色线做直线绣
使用红色线缝上黑色的纽扣
头部
（5行）
手臂
腿
28

缝合手臂、腿，平整地做卷针缝

\\\\\…卷针缝的位置
※除耳朵以外，均塞入填充棉。

在森林里摘摘花，
摘摘苹果

会员编号…84
蓬松的小熊

自称是森林小姐的小熊。戴着帽子、穿着照相机，已经准备就绪。身体上长长的毛与圆溜溜的眼睛最具魅力。

设计 / Asako Miuchi

摄影：Yukari Shirai　撰文：Sanae Nakata

我们也要出门玩！

编织玩具手工部
森林散步篇

或许去旅行不能马上实现，但是和手工部的会员，去附近的森林散步还是有可能的。悠闲地散步，又结识了新的伙伴！

小物件都可以取下来。可以配合季节，穿戴不同的东西。

会员编号…83
小刺猬和蘑菇屋

小刺猬特别害羞。它住在森林里的蘑菇屋中。由于它基本不会主动地打招呼，所以在房顶写上了大大的"Welcome"。

设计 / Happy

拧着的闪亮的串珠，是屋子里的灯。

房子的入口只够小刺猬进出。

休息一下吧。

零食是胡萝卜♡

会员编号…82
小马和胡萝卜

松散的鬃毛与尾巴是小马最自豪的地方。听说要去散步，准备了最喜欢的胡萝卜当零食。仿佛要去远足一般。是腿比较短可以举着的类型。

设计/yu-ma
https://tetote-market.jp/creator/icestar

会员编号…85
小玫瑰和小橡子

森林里还有这么可爱的小人儿们。将当季的花朵和大自然的馈赠设计成了花片。有很多颜色不同的小伙伴。

设计/Tyoityan

小橡子们一边打滚一边开心地玩。

屁股上也有橡子！

到绿丛中来找我吧

一圈圈地编织，3天就能完成！
半指手套和暖袖

很快就能编织完成，从初秋能一直戴到春天的小物件，
作为这个季节的编织开篇，最合适不过啦。
如果有第一次遇到的编织方法，请先从小物件开始尝试一下吧。

摄影：Yukari Shirai 设计：Megumi Nishimori 发型及化妆：AKI 模特：Haya

阿兰花样的暖袖

手背一侧是生命之树与小绒球的组合，
手掌一侧是麻花花样。
在拇指处开了一个孔，是可以穿到肘部的长款。
将暖袖从肘部堆下来，也很可爱。

设计/catica
制作方法/p.100
使用线/DARUMA接近于原毛的美丽诺羊毛

带皮草的半指手套

减少阿兰花样的暖袖的花样个数，
在手腕编织上皮草线，
就变成了这组略显正式的半指手套了。
使用灰色，显得更加素雅。

设计/catica
制作方法/p.100
使用线/DARUMA微渐变羊毛，Fake Fur

花朵花样的
半指手套

花朵花样的半指手套，
由于是两层，所以又厚又暖。
北欧风的像素描似的花朵花样，
即便选用鲜亮的配色，
也不会显得幼稚。

设计/HOTTA NORIKO
制作方法/p.104
使用线/和麻纳卡Exceed Wool L<中粗>

color variation

将底色换为黑色，就能使红色的花朵更加突出。
是朝上、朝下都能使用的设计。

珠编手暖

在马海毛线中编入串珠，
是一副轻便、优美的手暖。
花样在袖口处若隐若现，
是女生出彩打扮的一个小诀窍。

设计/横山加代美
制作方法/p.102
使用线/和麻纳卡Alpaca Mohair Fine

先钩织出斜向线条的织片，最后再连接成
筒状。荷叶边也是一起钩织完成的，比想
象中要简单得多。

带蝴蝶结的
半指手套

有拇指的半指手套，
如果使用钩针编织的话很简单。
偏暗的粉色，能够显得成熟一些。
看着被它装饰得漂漂亮亮的手，一天都有好心情。

设计/amy*
制作方法/p.102
使用线/SKI YARN Ski Marlene

color variation

使用蓝色系的话，会显得更加稳重，可以与休闲风格的服装搭
配在一起。蝴蝶结是后系上去的，不喜欢的话去掉也可以。

篮子编织手暖

如同白桦树皮编织的篮子一般的织片，
每编织一排长方形的格子，
就要改变颜色和编织方向。
兼顾织片的结实和设计的统一，
在第一排和最后一排编织了桂花针。

设计/横山加代美
制作方法/p.40，p.101
使用线/Keito Jamieson's Shetland Spindrift

枣形针
手暖

将p.6的暖腿
变化为了手暖。
改变钩织枣形针的行的线，
形成了排列着的一颗颗的心形。
底色线选用了段染线，所以两只手呈现出了不同的感觉。

设计/ucono
制作方法/p.103
使用线/奥林巴斯Maple Road，Tree House Forest

虽说只需使用基本的编织方法就能够完成，但是关于先后顺序，刚开始的时候或许会有一些迷茫。
下面就和我一起将难点逐个攻破吧。可以结合着p.101的制作方法进行编织。

※这里将一个个的四边形叫作"块"，将块横向围成的一圈叫作"排"。每一块内通过要编织的针数和行数进行标示。
※这里使用迷你棒针（5根一组）进行编织。

块1

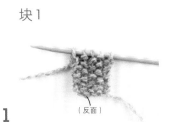

1
手指挂线起针，这是编织了桂花针5针10行后的样子（第10行是从反面编织的行）。块1编织完成。

块2

2
在步骤1后，卷针加针。用手指做出环形后，将针插入环形中，拉线，将环形收紧（卷针）。

3
使用同样的方法再起4针卷针。这是块2的第1行（起针）。

4
翻转织片，第2行看着正面编织5针桂花针，挑取块1的边上的针目，第6针也编织下针（仅限第1排）。

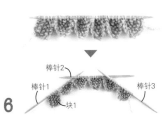

5
翻转织片，由于第3行是看着反面编织的，所以边上的针目编织上针（符号图中是下针）。随后按照符号图编织桂花针。

6
每编织完成1块，就使用卷针加针，再编织桂花针，这是编织完成6块后的样子。第1排编织完成。将线剪断，将每2块移到1根棒针上，共3根针。

棒针2
棒针1
棒针3
块1

第2排

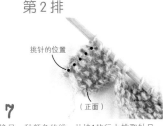

挑针的位置
（正面）

7
换另一种颜色的线，从块1的行上挑取针目，编织第2排块7的下针编织。

棒针1
棒针4

8
加入第4根棒针，挂线后拉出，挑出针目。

9
挑取了5针。这就是块7的第1行。

棒针2
棒针1
棒针3
棒针4

10
将棒针连成环形，看着棒针3织片的反面，编织第2行的上针。

2针并1针

11
翻转织片，编织第3行。编织4针下针，第5针与挂在其左侧的块6的第5针（编织终点的针目）一起编织右上2针并1针。

12
图为右上2针并1针编织完成后的样子。至此，织片连接成了环形。随后按照符号图，与块6之间每隔1行编织一次右上2针并1针，编织完成块7。

第3排（上部 13,14）

13
块7编织完成后的样子。至此，块与块之间连接成了环形。接着从块6的行上挑针，编织块8，之后也按照同样的方法继续编织。

14
这是第2排编织完成的样子。将线剪断（每次变换颜色的时候都将线剪断）。

第3排

15
翻转织片，从块7的行（反面）上挑取针目，编织块13。

16
从后侧入针，像编织上针一样挂线，从后侧将线拉出。

17
将线拉出后的样子。第1针挑针完成。使用同样的方法共挑5针，随后按照符号图编织。

18
第3行（从反面编织的行）。编织完成4针后，第5针与挂在其左侧的块12的第5针（编织终点的针目）一起编织上针的左上2针并1针（从正面看到的话就是下针的左上2针并1针）。

第3排（右侧 19-24）

19
图为2针并1针编织完成后的样子。使用同样的方法，每一行改变编织的方向，继续按照符号图编织。

最后1排（第9排）

20
块49编织10行后，看着反面，一边编织桂花针一边伏针收针。边上的2针先按照下针、上针的顺序编织，再用右侧的针目盖住左侧的针目。

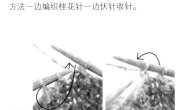

21
图为伏针编织完成后的样子。继续按照同样的方法一边编织桂花针一边伏针收针。

22
左端的2针编织左上2针并1针（从反面编织上针的左上2针并1针，在正面看到的就是下针的左上2针并1针），同样地做伏针收针。

23
剩下的1针将会成为块50的第1针，之后的4针从块48的行上挑取。

挑取4针

24
挑取了4针。继续使用相同的方法按照符号图编织。块51~54都是同样的方法，使用伏针收针剩余的1针及从行上挑取的4针来编织一个块。

贴近生活的编织
我的手作故事

小时候就非常喜欢的编织，让现在的生活变得更加丰富多彩。
下面就为大家介绍在享受选择线材和配色的乐趣的同时进行创作的两位编织老师及其工作室。

摄影：Miki Tanabe(p.41~p.43) Yukari Shirai(p.44~p.46) 撰文：Sanae Nakata

story 1
TSUMUGI
小林由佳

编织作家。毕业于文化服装学院。在为活动、图书制作作品的同时，每月两次在自己的家中举办"日常生活中的编织与杂货制作TSUMUGI"活动。

1 非常喜欢的AVRIL线。在类似于空心纱的极粗毛线中穿入不同的线编织，从极粗毛线的针目中可以看到不同的毛线，十分有趣。**2** 其他国家的编织针。并不是环形针，另一头是堵头，编织较宽的织片或是想随身携带的时候，非常方便。**3** 有时会从绘本上寻找配色及编织形式的灵感。

My handmade story

1 除了p.41的针以外，她更喜欢使用木制的棒针。2 将整棵的毛线当作装饰。即便是在夏天，由佳也以编织毛线为主。3 在不定期开办的编织教室，有时也会教大家使用钩针钩织亚麻线。

4 灯罩是使用样片随机拼接而成的。5 毕业作品是自己设计的编织连衣裙。裙摆部分是使用20多种织片拼接而成的。

非常喜欢棒针编织
且保持着强烈的求知欲望

棒针编织拥有许多特殊的技法和花样、图案。
要学的东西还有很多。

6 花片连接的女士披肩，只需将配件连接到主体上即可。7 钩针编织的婴儿鞋。选用了手工的木质纽扣。8 由佳很擅长编织细致的织片。她的店铺中，小小的编织装饰品很受欢迎。

越学越知其深奥
想学习更多有关编织的知识

　　由于亲戚从事与服装相关的工作，所以由佳女士是在充满服饰的环境中长大的。在她升学的时候，自然就选择了这条路。由于想打牢基础，所以进入了文化服装学院，并选择了编织专业，开始了脚踏实地的专业学习。在学习的过程中，她接触了许多其他国家的图书、毛线以及传统编织，真切地感受到了其中学问的深奥。

　　其后，她经历了在杂货店工作、结婚、生子。一直支持着由佳的也是编织。由佳说："一个人默默地编织，确实有些孤单，但随着手上的动作，心也会变得平静。所以说，有编织陪伴真好。"作为编织者，有很多人拜托她制作作品，所以从2年前开始，她在自己家开了一家店，开始了日程满满的创作活动。随着教学的机会变多，为了学习新的知识，她又重回母校学习了。

　　"虽然非常喜欢棒针编织，也付出了很多努力，但里面的学问太深，还是有非常多的东西需要学习。因此，我的求知欲望也更强烈。"如此率真的由佳所设计出来的作品，无论是配色还是手感，都能流露出温暖的感觉。现在她对阿兰花样和费尔岛花样等传统花样深感兴趣。今年冬天，她仍将与编织形影不离。

My handmade story

1 为研习会设计的绒球花环。每一个绒球都使用了不同的线，每个绒球不同的质感和样子都一目了然。**2** 阿富汗编织的手提包，参考了三角袋的制作方法。

她很喜欢的三角形披肩。不同的戴法有不同的体验，是一件佳作。

自己使用的东西以 自然色为中心

如果想要搭配的话，
天然的羊毛的颜色最百搭。

3 蓬松的枣形针连指手套。小袋子是由机编的织片与亚麻布结合而成的。**4** 开衫与围巾。由佳也能熟练地使用编织机。她家有3台编织机。

自家商店的一个角落。手编的洛皮毛线的毛衣，据说在去年广受好评。

Yuka's knit item
手工捻线、染色也很有趣

由佳对于线的材质非常感兴趣。她在当地名为spindle M的教室学习了植物染色和捻线，偶尔她也会亲自动手为原毛染色。照片中是使用枇杷的叶子染了色的原毛，以及使用纺锤将其捻成的线。

story 2

Grisgres
山口智美

在开办钩针编织教室和儿童艺术教室的同时，
还发表了能够充分展现线材的艺术性的作品。

将各种各样的花式毛线并在一起编织的发圈。黑色的毛线起
到了收敛的作用。

1 在制作作品的过程中，还会自由地加上有
个性的纽扣、宝石、链子、成品手镯等。**2** 经
常使用的有圈圈毛线、渐变色毛线、带有亮
片的毛线。**3** 五颜六色的钩针十分可爱。据说
她每一次创作作品之前，都要手绘设计稿。

~ My handmade story ~

架子上展现了Grisgres的多彩世界。这些作品在网上也有介绍。

将线一圈一圈地缠绕，再使用胶固定，就做成了迷你甜点和胸针。充分地利用身边的材料，制作可爱的小物件。

在教室中与大家分享玩线的乐趣

颜色、形状、质感，将不同种类的线组合在一起，呈现出从未见过的绝妙效果。

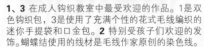

1、3 在成人钩织教室中最受欢迎的作品。1是双色钩织包，3是使用了充满个性的花式毛线编织的迷你手提袋和口金包。2 特别受孩子们欢迎的发饰。蝴蝶结使用的线材是毛线作家原创的染色线。

发表联通
艺术与手工艺的作品

　　智美认为，编织是可以展现自己艺术观点的方法之一。因为曾经在美术大学学习过油画，所以她在制作作品的时候，会特别在意颜色的组合。例如，将若干种不同类型的线并在一起编织，使织片呈现出独特的手感，或是加入串珠、链子等不同的材料，让编织变得更加艺术。其独具个性的风格，据说在教室中很受欢迎。她很喜欢黑色。即便是多彩的作品，也要加入具有收敛感觉的黑色，这是智美的风格。编织手法，以可以迅速地将设计呈现出来的钩针编织为主。

　　"小时候曾使用棒针编织过围巾，但结婚生子之后，由于要抱着孩子，所以只能使用一只手来钩织。基于妈妈的朋友的呼声，我才开始开办教室。为了教学，我又重新系统地学习了一下钩针编织。"

　　在面向孩子的课程中，为了让孩子们喜欢上毛线，她有时也会将毛线当作制作手工艺品的一种材料，教孩子们做使用毛线但不需要编织的首饰或是用毛线来作画。

　　智美想从今年秋季开始，在自己家之外也办一些研习会。通往成功的道路不止一条，这种对编织的自由的研究，究竟会结出怎样的果实，让我们拭目以待。

My handmade story

两种手提包。右下的使用了粗纱毛线制作的装饰。将其系在主体的方眼针上，更具质感。左上是将编织羊毛毡化后的手提包。表面装饰了其他的线材，呈现出凹凸的感觉。

将2根或更多根的线并在一起编织。

使用黑色的织片和不同的材料制作有故事的作品

充分发挥线材各自的质感，
呈现出具有立体感的设计。

1 带皱褶的装饰，犹如随风飘舞的披风一般。这是今年新创作的手拿包。**2** 装饰了很多如链条一般的线的手拿包。看起来很飘逸。**3** 在铁丝网上系上极粗的线制成的工艺品。

黑色耳环上的线，是上面的手提包中也使用过的粗纱毛线。与宝石的质感不相上下。

Tomomi's knit item
可以使用三个季节的麻绳手提包颇受欢迎

使用钩针编织出来的麻绳手提包，是春夏最受欢迎的作品，但如果将麻绳与细羊毛线并在一起使用，就能制作出使用时间更长的作品了。配入的颜色，选择比较沉稳的颜色是要点。

将酒椰纤维线与棉线并在一起，使用短针钩织成了细长篮子的主体，并在上面系上了毛线做装饰。与左上的使用粗纱毛线做装饰的手提包的技法相同。

My handmade story

亲手编织
创造温暖

温暖的
家居时光

寒冷的日子，在家中和编织一起
度过温暖的时光吧。

摄影：Miyuki Teraoka 设计：Kana Okuda(Koa Hole)
发型及化妆：Yuriko Yamazaki 模特：Haruna Inoue

LOVE

一衣两穿的披肩

钩针编织的可爱织片
搭配具有伸缩性的棒针编织的边缘。
能让肩部保持温暖的披肩，
是家中必不可少的。
使用段染粗纱毛线，编织出了条纹的感觉。

设计/川路由美子
制作方法/p.95
使用线/Hobbyra Hobbyre Roving Ruru

还可当作罩裙，
十分方便。
调节松紧的罗纹绳的顶端装饰
也是一大亮点。

花片连接的
多功能罩巾

使用多彩的圆形花片连接而成的多功能罩巾，
编织方法简单，样式却极为可爱。
再多连接一些的话，可以做成毛毯或是床罩。

设计/远藤裕美
制作方法/p.94
使用线/和麻纳卡Amerry

配色花样
热水袋套

北欧风的像素描似的花朵花样给人留下了深刻的印象。
钩针编织的配色花样，
又紧又厚，保暖性绝佳。

设计/SHIZUKU DO
制作方法/p.97
使用线/芭贝Mini Sport

迷你脖套

使用柔软的粗纱毛线编织，
犹如装饰领一般的脖套手感良好，
虽然小，但保暖性绝佳。
能让休闲服装变得更加可爱。

设计/pear（铃木敬子）
制作方法/p.94
使用线/Clover Angola Whip

温暖的家居时光

对折后，将系绳穿过侧边，
可以变为发带。
不想绾起头发，
因为耳朵会冷，
最适合这个时候佩戴啦。

茶点时间套装

使用蓬松的圈圈毛线编织而成的可爱套装，
可以陪伴大家度过暖融融的时光。
很像是帽子的茶壶套、配套的隔热垫
以及马克杯套，都可以为茶水保温。
大部分都是下针编织，所以编织起来也很简单。

设计/梦野彩
制作方法/p.96
使用线/DARUMA Big Ball Mist

雏菊圆坐垫

使用结实、蓬松的腈纶手工艺线
编织多彩的坐垫，用来装饰屋子吧。
类似于雏菊的形状和
略微复古的样式，十分可爱。

设计/濑端靖子
制作方法/p.98
使用线/和麻纳卡Bonny

温暖的家居时光

暖融融的家居鞋

这是类似于拖鞋感觉的室内鞋，
在毛毡鞋底上使用蓬松的毛线钩织了鞋垫，
光脚穿上去，将会非常舒适。
使用钩针编织出的麻花花样，是它的亮点。

设计/濑端靖子
制作方法/p.98
使用线/和麻纳卡Canadian 3S <Tweed>、Grand Etoffe

条纹袜

这双袜子最大的魅力就是易于钩织。
素雅的色调及条纹花样，
这种沉稳感觉的设计十分受人欢迎。

设计/濑端靖子
制作方法/p.99
使用线/和麻纳卡Korpokkur

p.51、p.52作品使用的线材

毛毡鞋底
便于制作家居鞋的毛毡
鞋底。
H204-594 尺寸23cm
两片一组

Grand Etoffe
将以羊驼毛为主的圈圈
毛线进行起毛加工后的
超级粗线。其蓬松的手
感颇具魅力。
全6色 40g/团，约48m

**Canadian
3S <Tweed>**
加入了多彩的棉结的科维昌
毛线。由于线很粗，所以编
织起来会很快。
全8色 100g/团，约102m

Korpokkur
加入了锦纶，增加了强度，是
非常适合编织袜子和手套的中
细线。色彩丰富，可以尽情地
体验配色的乐趣。
全21色 25g/团，约92m

**和麻纳卡
Bonny**
原毛染色呈现出了美丽的色彩，是柔软、蓬松、
有质感的腈纶线。织片的手感良好，是其最大
的特点。
全62色 50g/团，约60m

和michiyo一起编织!
懒人编织部

《编织大花园》中的人气连载。
第3课的题目为"钩针编织的手套"。
看起来很难的、有5根手指的手套,
使用钩针编织尽可以放心。
通过这件作品,可以锻炼到各种技巧的运用,
一定要尝试一下!

设计:michiyo 摄影:Yukari Shirai
造型:Megumi Nishimori 发型及化妆:AKI 模特:Haya

michiyo

曾经做过服装、编织的设计,从1998年开始成为编织家。曾出版过《日常生活中的成熟可爱的编织服装》《两个人的编织》等诸多著作。从2012年开始主办编织咖啡,每次活动都座无虚席,人气非常高。
http://maboo.boo.jp/michiyo.html

第3课

钩针编织的手套

看起来很像是下针编织,其实却是短针。只要在钩织的位置上下一些功夫,就可以钩织出这种感觉啦。从纽约而来的Brooklyn Tweed线,色彩独具韵味。由于是蓬松、有弹性的线材,因此可以很好地贴合手的形状。

钩针编织的手套结实、耐用。

懒人要诀

① 使用钩针就能完成！
② 基本上都是短针！
③ 手指与手掌分别编织后再组合，简单！
④ 从饰边开始钩织，最后不用再钩边缘编织！

※由于是整桄的线，需要缠成毛线团后再使用。

※由于钩织短针时要分开针目，选择针头比较尖的会好钩织一些。推荐使用Clover的"暖昧"系列钩针。

钩针编织的手套的制作方法

编织密度

10cm×10cm面积内：编织花样21针，23.5行；短针19针，25行

制作要点

● 主体参照图示开始钩织，钩织14圈编织花样。随后挑取前1行针目尾部的中央部分，钩织短针，共钩织10圈，留出拇指洞后，再钩织11圈。
● 5根手指环形起针，分别钩织，除拇指以外，将其余的4根连接在一起。
● 将4根手指连接在主体的最后1行上，拇指连接到拇指的位置上。

材料与工具

Keito Brooklyn Tweed Loft 原色（FOSSIL）、粉色（POSTCARD）各25g
钩针7/0号

成品尺寸

手掌一圈22cm，长23cm

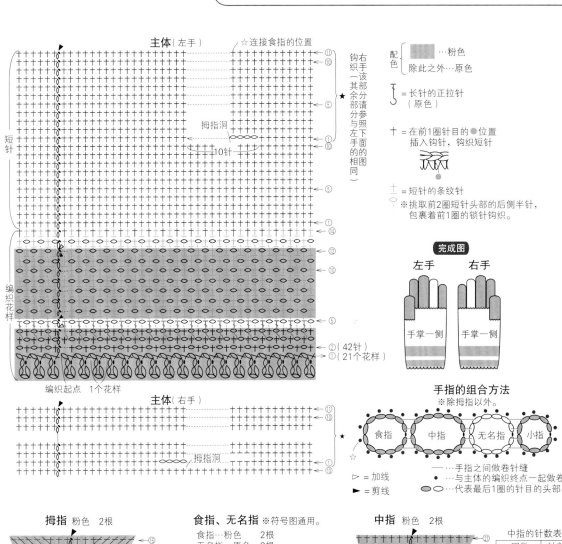

主体（左手）
☆连接食指的位置
钩右手织（该其余部分请参照与左下手面的相图相同）
短针
拇指洞
10针
编织花样
②（42针）
①（21个花样）
编织起点 1个花样
主体（右手）
拇指洞

配色 □…粉色 ■…除此之外…原色
↑＝长针的正拉针（原色）
十＝在前1圈针目的●位置插入钩针，钩织短针
±＝短针的条纹针
※挑取前2圈短针头部的后侧半针，包裹着前1圈的锁针钩织。

完成图

左手　右手
手掌一侧　手掌一侧

手指的组合方法
※除拇指以外。

食指　中指　无名指　小指

▷＝加线
▶＝剪线
—…手指之间做卷针缝
●…与主体的编织终点一起做卷针缝
●○…代表最后1圈的针目的头部

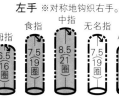

michiyo's secret

这样的配色也不错

将粉色换为蓝色（FADED QUILT），就可以作为男款！

左手 ※对称地钩织右手。

	拇指	食指	中指	无名指	小指
手指（短针）	6.5／16圈	7.5／19圈	8.5／21圈	7.5／19圈	6／15圈
	（16针）	（12针）	（14针）	（12针）	（10针）

主体
4.5／11圈　19（36针）　（4针）起针
10针（短针）
4／10圈　22（42针）
（编织花样）
6／14圈
20（42针、21个花样）起针

拇指 粉色 2根

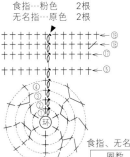

食指、无名指 ※符号图通用。

食指…粉色 2根
无名指…原色 2根

中指 粉色 2根

中指的针数表

圈数	针数	
第21圈	14针	
第20圈	14针	（+2针）
第19圈	12针	
第18圈	12针	（+1针）
第5～17圈	11针	
第4圈	11针	（+1针）
第3圈	10针	（+2针）
第2圈	8针	（+2针）
第1圈	6针	

拇指的针数表

圈数	针数	
第16圈	16针	（+2针）
第15圈	14针	
第14圈	14针	（+2针）
第4～13圈	12针	
第3圈	12针	（+3针）
第2圈	9针	（+3针）
第1圈	6针	

食指、无名指的针数表

圈数	针数	
第19圈	12针	
第18圈	12针	（+1针）
第5～17圈	11针	
第4圈	11针	（+1针）
第3圈	10针	（+2针）
第2圈	8针	（+2针）
第1圈	6针	

小指 粉色 2根

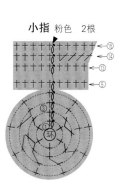

小指的针数表

圈数	针数	
第15圈	10针	
第14圈	10针	（+1针）
第4～13圈	9针	
第3圈	9针	（+1针）
第2圈	8针	（+2针）
第1圈	6针	

Point Lesson 钩织要点讲解

虽然钩织方法不难，但也要注意一些要点。
由于在中途要挑取短针的中央部分，所以短针的针目如果过于小的话，钩织起来就会非常困难。
因此钩织时要注意将线拉长一些，不要将短针的尾部钩织得太短！

钩织主体
第1行（饰边）

1 使用粉色线起5针锁针，挑取第2针的里山，钩织引拔针。

2 接着挑取第1针的里山，钩织短针。

3 继续钩织5针锁针，挑取第2针的里山，钩织引拔针。

4 接着挑取第1针的里山，钩织短针。

5 使用同样的方法，钩织21个花样。

第2圈~（手腕部分的编织花样）

6 立织1针锁针，劈开第1行最后1针短针（挑取尾部2根线），钩织短针。

7 接着钩织1针锁针，使用与步骤6同样的方法劈开针目，钩织短针。

8 使用同样的方法继续钩织，编织终点钩织短针，引拔第1针短针的头部，连接成环形。（最后不钩织那1针锁针，是为了不让立起的侧边变松。）

9 第3圈立织1针锁针，接着钩织1针锁针，整段挑起前1圈的锁针，钩织短针。

10 重复1针锁针、1针短针，最后的1针短针，整段挑起前1圈编织终点引拔针进行钩织。

11 编织终点，整段挑起编织起点的2针锁针，钩织引拔针。

12 第4圈也使用同样的方法钩织，最后1针引拔时，换为原色线。（粉色线挂在针上，再将原色线引拔拉出。）粉色线休针备用。

13 第5圈钩织2针锁针，在针上挂线后，横向插入钩针挑取第3圈短针的尾部。

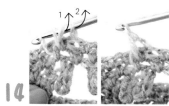

14 钩织长针的正拉针。接着重复1针锁针、1针长针的正拉针。

15 第5圈钩织最后1针引拔针时，换回粉色线。（将原色线剪断。）

16 立织1针锁针，包裹着前1圈（第5圈）的针目头部，挑取前2圈（第4圈）短针头部的后侧半针。

17 钩织短针的条纹针。

18 重复1针锁针、1针短针的条纹针。

19 使用同样的方法，钩织至第12圈。钩织最后1针引拔针时，换为原色线。将粉色线剪断。

20 钩织到一定程度以后，使用编织起点的线头将第1行连接成环形，藏好线头。

手掌部分

21 第13圈，钩织2针锁针，使用与步骤16同样的方法，挑取前2圈短针头部的后侧半针，钩织短针的条纹针。重复1针锁针、1针短针的条纹针。

22 第14圈的第1针，挑取前2圈的针目钩织条纹针，第2针按照箭头的方向，劈开前1圈短针的尾部2根线，在其中央入针，钩织短针。

23 这样的话，钩织的每一针都能与前1圈的针目对齐。

24 重复步骤22、23进行钩织。接下来的每一圈，都是将钩针插入前1圈针目的尾部中央，钩织短针，共钩织10圈。

留拇指洞

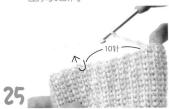

25

下1圈，钩织到一半时，在指定的位置钩织4针锁针，跳过前1圈的10针后，挑针。

26

该部分为拇指洞。

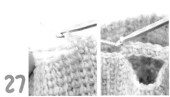

27

钩织到下1圈锁针的位置时，挑取半针与里山进行钩织。

28

接着钩织11圈，留出50cm左右的线头后将线剪断。直接将线拉出。主体完成。

钩织手指

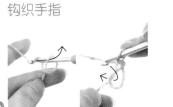

29

使用线头绕出一个环形，开始钩织。由于线易断，所以编织起点只绕一圈即可。

30

钩织6针短针，拉线头，使其收缩，引拔第1针短针的头部。

31

钩织第2圈的同时，要在指定的位置加针。

32

从第3圈开始，要将钩针插入前1圈针目的尾部中央，钩织短针。

33

使用同样的方法，将钩针插入前1圈针目的尾部中央，钩织短针。

34

钩织三四圈之后，将织片翻至反面，藏好编织起点的线头。为了让起针的环不变松，要收得紧一些。

35

参照图示，一边加针一边钩织。

36

编织终点留出30cm左右的线头，将线剪断，直接将线拉出。

将手指缝到主体上

37

使用编织终点的线做卷针缝使手指缝合在一起。将针目对齐后，挑取头部的2根线。

38

每一针挑1次，共缝合4针。（实际操作时要将线拉紧。）

39

从食指到小指都连接在一起。

40

使用主体编织终点的线（原色），将手指缝合在主体上，缝合时要挑取短针尾部的中央。

41

每一针挑1次，共缝36针。

42

使用拇指编织终点的线（粉色），将其缝合到主体上。在短针尾部的中央入针，挑取拇指洞下侧的针目（10针），每一针做卷针缝1次。

43

主体拇指洞侧面的针目也要挑针缝合。

44

上侧的针目也是每次挑1针，与拇指洞另一侧的针目挑针缝合。

45

在反面藏好线头。

46

完成。

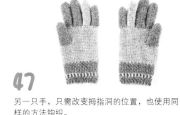

47

另一只手，只需改变拇指洞的位置，也使用同样的方法钩织。

48

大功告成。

安和卡洛斯
来到了日本手艺展

挪威的设计二人组安和卡洛斯来到东京参加日本手艺展。
除了展示作品以外，他们还参加了论坛，并举办了研习会，令展会现场十分沸腾。

摄影：Shigeki Nakashima　监管：Setsu Inoue(Nordic Culture,JAPAN)

Arne&Carlos

挪威人安（左）和瑞典人卡洛斯（右），两个人组成了编织设计二人组。他们那汲取了挪威传统编织精华的时尚设计，在北欧诸国，乃至欧美各国都广受欢迎。
http://www.arne-carlos.co.jp/

开办了研习会

在展会期间，接连几天都开办了研习会，安和卡洛斯亲自担任讲师。他们一边为大家的配色提建议，一边和参加者一起钩织了有12片花瓣的漂亮的杯垫。

这是能够展现他们设计理念的多彩作品。在《编织人偶》一书中的人偶们，穿上了时尚的服装，坐在一起。

传递编织的快乐
以及由此而生的充实的心灵

　　安和卡洛斯将挪威乡间一个废弃的车站改造成了他们的工作室，并在那里进行着他们的编织设计。他们以独特的作品及慢生活的模式，成了在全世界都很有人气的设计二人组。2013年，他们的《北欧的庭院编织》在日本翻译出版，他们获得了更多的关注。

　　在2014年，他们第一次参加了亚洲最大的手作活动"2014日本手艺展"。他们不但在展位上展出了色彩鲜艳的编织作品，还在中央舞台参加了论坛，介绍了有关他们的新书《安和卡洛斯的编织玩偶》的故事，并且在研习会中与参加者一起度过了欢乐的编织时光。对于他们俩来说，这次手艺展之行应该也是非常充实的吧。他们的作品自不必说，每一次来日本，他们颇具魅力的性格，都会吸引大量的粉丝，我们今后也将继续关注他们。

温暖而又时尚的冬季主角

围脖和脖套

秋冬最想编织的还是能给脖子带来温暖的小物件。
下面就将为大家介绍编织方法简单又很有存在感的设计。

摄影: Miyuki Teraoka 设计: Kana Okuda(Koa Hole) 发型及化妆: Yuriko Yamazaki 模特: Haruna Inoue

豹纹围脖

只需要等针直编
就能呈现出流行的豹纹的段染线登场啦!
根据编织方法的不同,看起来也会像迷彩花样,
是不分男女的设计。

设计/冈本启子
制作/滨田裕纪子
制作方法/p.104
使用线/Wister Savanna

不同的戴法,给人的感觉也不一样。
最适合成为休闲搭配中的亮点了。

KNIT CAP

BACK STYLE

将上端的细绳系上的话，马上就变成帽子了。
细绳是挑取编织起点的针目钩织锁针而完成的。

皮草披肩领

使用皮草线编织的主体
配以丝绒带，显得十分上档次。
可以让简单的开衫、外套
一下子变得华丽起来。

设计/冈本启子
制作/松冈和永
制作方法/p.105
使用线/Wister Foxy Fur

NECK WARMER

可以变成
帽子的脖套

使用粗线，很轻松就能编织完成的脖套。
线材本身就具有特色，
只需要环形地等针直编，非常可爱的脖套就会出现。
对折后再戴，保暖度也成倍提升！

设计/冈本启子
制作/关口香
制作方法/p.105
使用线/Wister Beanie

作品中使用的线材

Wister Beanie
段染的超级粗线。可以在短时间之内编织完成帽子、围巾等小物件。
100g/团，约54m

Wister Foxy Fur
拥有如同真正的皮草一般的长毛及光泽的皮草线。
40g/团，约32m

Wister Savanna
只需要等针直编就能呈现出豹纹的感觉的段染中粗毛线。
100g/团，约190m

系扣脖套

等针直编的脖套，
由于系纽扣的方法不同，
呈现出了不同的线条花样。
将领口部分略微向外折一点，
就会变成披肩领的感觉。

设计/Sachiyo * Fukao
制作/内田智
制作方法/p.106
使用线/匈牙利羊毛中粗

不规则条纹的围脖

使用海军蓝色、灰色、黑色三种颜色编织
不规则的条纹、区块，
最后连接成环形的围脖。
绕两圈，可以体验左右不对称的花样，
对折后，还可以像围巾一样围。

设计/越膳夕香
制作方法/p.109
使用线/乌拉圭羊毛极粗

带抽绳的披肩

带领的披肩，由于抽绳的位置不同
可以变成高翻领或者立领。
将抽绳系得紧一些或者松一些，
根据自己的喜好，找出更多的穿法吧。

设计/Sachiyo＊Fukao
制作方法/p.107
使用线/匈牙利羊毛粗

连肩风帽

戴上风帽，整个头都暖和起来了，
这是今年冬天最流行的一款了。
摘下风帽可以盖住整个肩部，
穿法多变。

设计/yohnKa
制作方法/p.108
使用线/乌拉圭羊毛中粗

作品中使用的线材

No.15（灰色）　　No.16（原色）

匈牙利羊毛粗
是匈牙利羊毛的粗款。
全18色　约40g/团

No.109（绿色）

匈牙利羊毛中粗
使用弹性很强的匈牙利羊毛，制
作成了适于手编，并且可以使编
织成品不易变形的毛线。
全18色　约40g/团

No.408（蓝色）　　No.409（海军蓝色）

乌拉圭羊毛中粗
乌拉圭羊毛的中粗款。
全18色　约40g/团

No.517（黑色）　　　　No.513（灰色）

No.509（海军蓝色）

乌拉圭羊毛极粗
使用南美洲乌拉圭的柔软、具有光泽的原料，
制作成了纯羊毛的平直毛线。
全18色　约40g/团

使用特大号针，很快就能完成！

简单、速成的编织

下面为大家介绍漂亮又简单的编织作品，因为使用粗针，
所以针目很大，转眼之间就能完成，
推荐初学者尝试！

摄影：Miyuki Teraoka 设计：Kana Okuda(Koa Hole) 发型及化妆：Yuriko Yamazaki 模特：Haruna Inoue

拉针花样的绒球帽

将独具特色的段染平直毛线
2根并在一起使用，
编织成了便于穿戴的绒球帽。
看起来有些难的"拉针"，
其实只是钩针入针的位置不同罢了。
可以织出立体又有弹性的织片，
请一定要试一试。

设计/田畑真代
制作方法/p.110
使用线/Clover Sommet

连袖披肩

先将等针直编而成的长方形的织片缝合，
再在领窝、下摆的一圈做环形编织，就成了这件连袖披肩。
黑色系的段染线中混有金银丝线，
能够编织出优雅、成熟的感觉。

设计/eccentrico
制作方法/p.109
使用线/Clover Jumbo Star

简约的无檐小帽

只使用起伏针与下针编织就能完成的
不分男女款的帽子，
推荐给第一次使用棒针编织的人。
使用可以自然地出现条纹的段染线，
完全没有了换线的烦恼。

设计/Clover
制作方法/p.110
使用线/Clover Jumbo Carnival

沿着领窝和下摆一圈环形挑针编织罗纹针，
使其成了便于穿着、随身携带的连袖披肩。
衣领是自然地向外翻折而成。

作品中使用的线和针

"匠"系列环形针特大号
拥有带线顺滑、便于编织的
特点，针尖也是理想的形状。
是一款使用天然材质制成的
环形针。

Clover Jumbo Star
随机地加入了金银丝线，是
一款具有独特个性的渐变色
毛线。极粗款。
全5色 50g/团，约47m

"匠"系列棒针（2根）特大号
使用精选的天然材质，制作
成了便于编织、耐用的针。

Clover Jumbo Carnival
在渐变色的空心纱中，捻入
了闪光的线，是非常轻的极
粗毛线。
全5色 50g/团，约50m

"暧昧"系列钩针特大号
非常受欢迎的"暧昧"系列钩针，出
了特大号款！针尖选用了顺滑的树脂
材料，轻便、易拿、不易疲劳，是它
的特点。
7mm、8mm、10mm，共3个尺寸。

Clover Sommet
使用了沉稳的配色的渐变
色线。属于粗款。
全6色 40g/团，约160m

使用环形针
编织袜子

在美国生活期间,
还体验了各种各样的手工艺的乐趣,
以下就是关于Weider Quist 裕美的报告。
本次的主题是在日本、美国都很流行的
"袜子编织"。

Weider Quist 裕美

手工艺家。在日本的10年间,曾以大濑裕美的名字,在
杂志、图书上发表过作品,并开办了可以体验各种手工艺
的教室。去美国后,通过网络来发表她的作品或秘诀,并
在当地的商店出售自己的作品,举办研习会。在她的博客
中,向大家介绍了她在美国的生活以及做手工的乐趣等。

HIBILABO JOURNAL(日语博客)
http://hibilabo.jugem.jp/

HARUJION DESIGN (英语博客)
http://harujiondesign.blogspot.com/

　　近几年,日本也开始流行起来编织袜子了。我开始编织袜子,是到美国之后的事情了。在那之前,从没认真地想过要编织一双袜子。来到美国之后发现,编织袜子的人被称为 "Sock Knitters",袜子是编织中非常受欢迎的一类。在图书、网络上,可以看到许多使用五颜六色的线和美丽花样来编织的袜子,不知不觉中,我对编织袜子的兴趣也变得高涨起来。我极度畏寒,想到手编的袜子可以厚一些,于是就选择了中粗的线,编织了第一双给自己穿的袜子。编织后才发现,比想象中的要简单,原以为是难点的脚跟的部分,在编织的过程中逐渐变得立体,十分有趣。在那之后,给女儿编织了配短裙用的袜子。还准备将袜子当作礼物送给丈夫和住在日本的妹妹,于是我又编织了好几双设计简约的袜子,并尝试用各种各样不同的线进行编织。我相信,有很多人和我一样,觉得编织袜子非常难,就敬而远之了。但设计简约的袜子,不但编织方法非常简单,由于只是小小的一件,所以很快就能编织完成。只要试着织一次,一定能体验到它的乐趣。

　　要说编织类似于袜子这种筒状的环行织片的话,最早想到的是使用4针或5针的编织方法,除此之外,使用环形针编织的方法也有若干种。这一次就向大家介绍,在美国编织袜子的人们常使用环形针编织袜子的方法。

使用1根短环形针

　　第一种方法,是使用1根非常短的环形针编织的方法。23~28cm的最为合适。其体型小、携带方便,但由于针的部分占总长度的比例较大,对于不熟悉的人来说,可能不太好用。

使用2根环形针代替4根针的方法

　　第二种方法,是使用2根环形针来代替4根(或5根)棒针的方法。由于连接线的部分可以自由地弯曲,使用2根环形针,就可以像4根棒针一样做环形编织了。实际上,这种方法不仅能编织小的筒状,编织大型的筒状,也很方便。并且,可以将正在编织的作品放平以测出正确的尺寸,或者进行试穿等。但是,必须准备2根相同型号的环形针,这是一个难点。

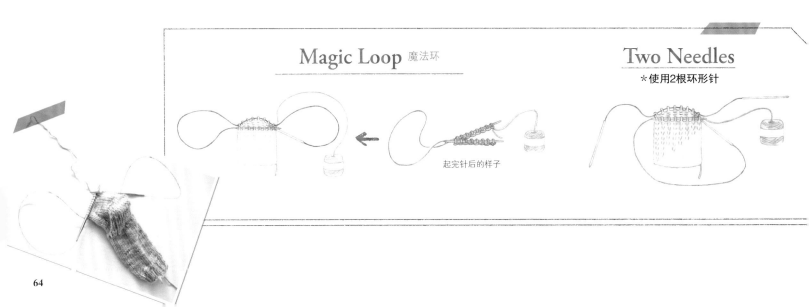

Magic Loop 魔法环　　　　　　　　Two Needles
*使用2根环形针

起完针后的样子

2-at-a-Time Socks
by Melissa Morgan-Oakes
ISBN-10: 1580176917

Toe-Up 2-at-a-Time
Socks by
Melissa Morgan-Oakes
ISBN-10: 1603425330

Circular knitting workshop
by Margaret Radcliffe
ISBN978-1-60342-999-3

so cute!

令人眼前一亮的
魔法环

向大家介绍的第三种，是名为"Magic Loop（魔法环）"的编织方法。这是使用1根长的环针，在两个针头上分别起针，而编织筒状的一种方法。这种方法是由住在美国西雅图的编织老手莎拉·豪施卡发明的技巧，并经2002年出版的The Magic Loop，第一次向大家介绍了这种技法。这种方法，是使用100~120cm的环形针，要选择连接线比较柔软的为佳。我之前一直是使用5根针的，最近使用魔法环的次数变得多了起来。之前会有连接线会比较难处理的先入为主的观念，但试用之后，觉得并没有那么难，适应之后，也能编得很快了。

一次完成的同时编织

最后为大家介绍的是"Knitting Two at a Time（2-at-a-time Socks）"（两只袜子同时编织）的方法。这是使用2根环形针或是魔法环的方法，同时编织完成2只袜子。袜子、手套、毛衣的袖子等，大家有没有过在编完1只之后，开始气馁的情况？我曾经也有若干次在编织第2只时，觉得非常麻烦，就束之高阁的情况。在英语中，有一个专门嘲笑这样的人的词"Second-Sock-Syndrome"（只能编织1只综合征）。同时编织，就是适合这种人的治病良方。不管怎样，这种方法能够让两只袜子同时编织完。我之前曾使用过2组5根针，保持同样的进度，来编织两只袜子的经历，但这一次，只使用1根环形针，用魔法环的方法，就能同时编织完成。最初两个线团与环形针的连接线缠绕在一起令人头大，虽说如此，只要是注意一下线的处理，或是注意一下翻转织片的方法，就能解决了。这样的问题，并不是魔法环的

方法独有的，我们使用多根线编织的时候，也是会遇到的。为了不让线缠绕到一起，可以将它们分别装入不同的塑料袋中，可以分别从一个毛线球的中心和外侧拉出线，并将其放入开有2个孔的塑料袋中等，大家只要注意一下，就能用多种方法来解决了。

从上开始，从下开始

到此为止，已经向大家介绍了4种方法，每一种方法，还都会有两种变化。那就是"Toe-up or Cuff-down"（从下开始编织，还是从上开始编织）。是从脚尖开始，还是从袜口开始，在编织袜子的人中，可谓一个永恒的话题，时常会引发争论，现在似乎依旧可以成为开玩笑的点儿。我在网上的一个论坛中，看到了编织者们对于这个问题的意见，与根据喜好选择某一种编织方法相同，根据情况区别使用这两种方法的人似乎也很多。不擅长脚尖的下针编织无缝缝合的人，喜欢Toe-up，他们认为，这样的好处有，可以根据线的量来调节腕部编织的长度等。而Cuff-down则是比较传统的编织方法，喜欢这种编织方法的人认为，现在出版的图案花样多，脚跟的部分也会编织得比较合脚。于是，结果又回到了根据喜好而选择的结论了。我并不纠结于选用哪种方法，只要有漂亮的设计图案，我都会去尝试。但是，如果是第一次编织袜子的人，我建议选用在编织起点处没有加减针的Cuff-down的方法，先了解一下编织袜子的步骤或许会好一些。

如上所述，编织袜子也会有诸多的变化。大家对看起来貌似有点难的袜子编织，会不会产生了一点兴趣呢？先选择一款你比较喜欢的粗一些的线，来试着编织一下基础款的袜子吧。适应了之后，再来挑战一下这里介绍的多种方法。快乐的袜子编织的世界，欢迎你的到来！

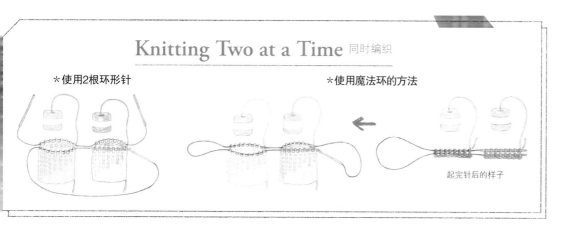

Knitting Two at a Time 同时编织

*使用2根环形针　　　　　　　　*使用魔法环的方法

起完针后的样子

小知识　针的名称

2根针▶Straight needle
4根、5根针▶Double pointed needle
环形针▶Circular needle

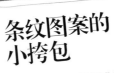

摄影：Yukari Shirai

手织的可爱小挎包

缅甸的绝美手艺活儿

目前，备受世界关注的缅甸，拥有着各式各样、非常可爱的手艺活儿。下面就为大家介绍，受当地织布技术的启发，而创作的这款手织的花样小挎包。

条纹图案的小挎包

描绘纵向的线条以及菱形花朵花样交叉地排列，做出了条纹图案。都是使用相同的织法，只是改变了颜色。右侧的小挎包，每织一个花样换一次纬线即可，挎织片旋转一下，就能做成两款不同的小挎包。

设计/春日一枝
制作方法/p.67
（制作图、组合方法参见p.111）

color variation

即便是相同的织法，改变了配色，给人的印象也会大大不同。左下的，使用了4种颜色，显得鲜艳多彩。右下的，改变了经线的颜色，变为了方格图案。

作为这次织布的参考图案的织物。

穿着年轻时自己织的民族服装，展示给我们看的老奶奶。

向我们展示自己织的裙子的女子。她们对于每一块布都非常珍惜。

在帕朗族生活的村子里，体验机器织布。这是名为腰机的织布机，要利用自己的身体来织布，看到一点一点织出来的布，很令人感动。

在缅甸的旅程中偶遇的纺织物

春日一枝

在本页中介绍的手织小挎包，是我在缅甸寻找绝美的手艺活儿之旅中见到的。在少数民族居住的村庄，我体验了使用机器织布，布就在眼前诞生的喜悦，促使我在回国之后，马上就开始亲手织布。

摄影：Mayuka Goto

Lesson

让我们试着织一个
小挎包吧

一边编织 p.66 的小挎包，一边来学习织布的基础知识吧。

需要准备的东西

※此处使用的是横田株式会社的绘织亚PORTABLE织布机。❶~❹是织布机中的配件。

❶织布台 ❷梳子 ❸梭子 ❹综片
❺线：梦色木棉线 ❻直径4mm的细绳1.5~1.6m
❼手工艺用黏合剂

※这里我们将朝向织布台的一面（地面一侧）当作正面使用，因此可以在另一侧（天花板一侧）处理线头。另外，编织终点一侧会留有经线的线头，在制作纵向较长的类型时，请将袋口一侧作为编织起点，这样才能比较漂亮。

挂上经线

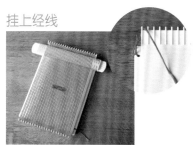

1 将线穿入织布台左上方的孔中，打一个结，从左上方的织布齿开始挂线。交替地在上、下的织布齿上挂线，共挂43根线，穿入右下方的孔中，打一个结，将线剪断。经线挂好后，将综片横向穿入经线的下方，在综片的每一个凹槽中放入1根线。

将纬线缠到梭子上

2 将线穿入梭子边上的孔中，打一个结，纵向绕几圈后，开始按照8字形绕线（为了使其不至于过厚）。

平织

3 将综片向前转90度，立起，将梭子穿入经线之间。将纬线每隔1根经线穿入后的样子。

4 穿纬线时，大约成30度角。织布起点的线头会在最后进行处理，所以现在直接放在那里就好（留出5cm左右）。

5 将梭子向下拉，纬线呈拱桥状的弧线，用梳子打纬，将其推向下侧。此时需为纬线留出足够的余量，以防止其横向收缩。重复步骤**3~5**，第2行也使用同样的方法织（经线每织1行交替一次）。

织花样

6 从第3行开始，将综片放平，参见p.111的制作图，数着经线，用梭子的头挑取经线来穿纬线。

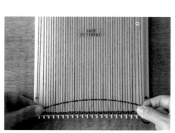

7 将纬线穿成拱桥状的弧线，每织1行，都将纬线向左右拉一下，来调整布宽。再按照步骤**5**的方法打纬。

换线

8 织到第22行后，将线头向回折，每隔1根经线穿一下，穿2~3cm。

9 将新的线绕到梭子上，从另一侧穿入梭子，按照制作图来穿过经线。

10 线头使用与步骤**8**同样的方法折回，穿2~3cm，继续织。

织布终点

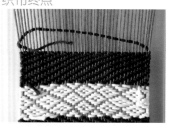

11 将线头穿入最后1行之前，穿大约5cm之后剪断，与最后1行一起打纬。

12 织好了102行后的样子，已经打纬完成（织布完成）。

经线线头的处理（织布终点）

13 将上端的经线剪断。

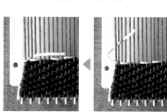

14 从右端开始，按照顺序，依次绕到其左侧第2根经线上后，折到下侧。重复该步骤41次，将左端最后2根线打结。

15 从织布台上拿下，将手工艺用黏合剂涂在布边上，充分干燥后，留出1cm左右的线头，剪断。

经线线头的处理（织布起点）

16 拉拽纬线，将挂在织布齿上的线圈，融合在布片中。

17 若织片变成了梯形，就拉拽步骤**4**中留出的编织起点一侧的纬线线头，使其横向收缩，并用手按住后进行调整。经过调整，布片可以从梯形变回长方形。使用毛线缝针，将线头藏入背面的若干根线中，剪断。布片完成。制作两片相同的布片。小挎包的组合方法参见p.111。

67

使用剩余的线来编织

剩余的线要怎样处理,
对于爱好编织的人来说是永恒的问题。
下面就为大家介绍一些用剩余的线编织成的作品。
希望能够成为大家处理剩线的参考。

摄影: Yukari Shirai 设计: Megumi Nishimori

使用一点点的线…胸针

小小的首饰,使用一点点的线就能完成,真令人开心。
将不同的线组合在一起,也能制作出特别的作品。
推荐应用在发卡、吊坠上做小点缀。

设计/ucono

不多不少?!…杯垫

如果是粗线的话,一个几行(圈)的花片就可以当作杯垫了。
如果使用极粗线钩织的话,最适合大一些的马克杯了。
使用细线钩织的小花片,可以用于贴布或是小装饰。

设计/菅野直美

比较多的话…手暖

如果有一定的量的话,可以钩织手暖。
戴在手腕上,不但保暖,从袖口看过去,也很可爱。
手暖的长短,可以根据线量进行调整。

设计/菅野直美

Something to do with left over yarn

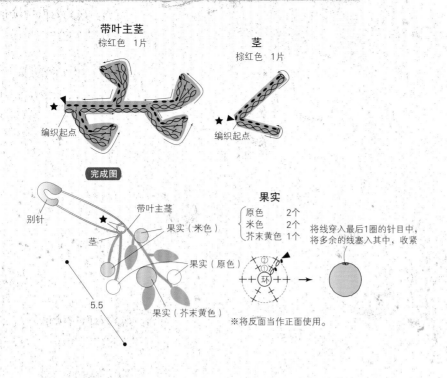

带叶主茎
棕红色 1片

茎
棕红色 1片

编织起点

编织起点

完成图

别针

带叶主茎

茎

果实（米色）

果实（原色）

果实（芥末黄色）

5.5

果实

原色 2个
米色 2个
芥末黄色 1个

将线穿入最后1圈的针目中，将多余的线塞入其中，收紧

环

※将反面当作正面使用。

胸针的制作方法

材料与工具
（后正产业）Lourdes 棕红色（6），CINIGLIA 芥末黄色（4），Mulberry 原色（4）、米色（5）各少量，胸针用别针1个
钩针5/0号

制作要点
·茎和带叶主茎锁针起针开始钩织。
·果实手指挂线环形起针后钩织2圈，翻到反面。将线穿入最后1圈的针目中，将多余的线塞入其中，收紧。
·将果实合理地逐个缝到茎和带叶主茎上，并将2条茎连接到别针上。

手暖的制作方法

材料与工具
（后正产业）Chiffon Arles 紫色（54）20g
钩针5/0号

成品尺寸
腕围18cm，长10.5cm

编织密度
10cm×10cm面积内：编织花样27针，6.5行

制作要点
·将线分成两等份进行钩织。
·起49针锁针连接成环形，钩织12圈编织花样。从起针的另一侧挑针，钩织2圈边缘编织。
·钩织罗纹绳，穿到起针的锁针处。

手暖 2片

（编织花样）

9
12圈

18
（49针，7个花样）
起针

（边缘编织）

2圈

1.5

（7个花样）挑针

罗纹绳 2根

50（130针）

罗纹绳的编织方法

① 留出想钩织的长度的3倍的线头
② 引拔 将留出的线头从前向后挂线
③ 引拔 由前向后挂线
④

▷ = 加线
► = 剪线

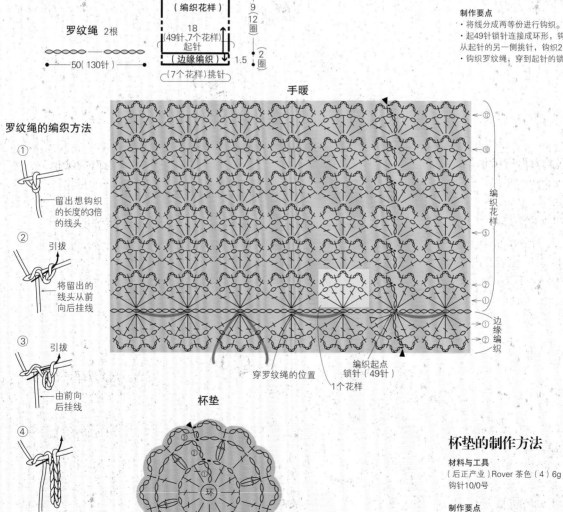

手暖

编织花样

边缘编织

穿罗纹绳的位置

编织起点
锁针（49针）

1个花样

杯垫

环

11

杯垫的制作方法

材料与工具
（后正产业）Rover 茶色（4）6g
钩针10/0号

制作要点
·手指挂线环形起针后钩织3圈。

编织的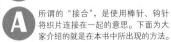

这是回答大家在编织中遇到的小问题的一个专题。
这次是有关在编织服装、围脖时经常会遇到的
"缝合"与"接合"的专题。如果你学会了织片的连接方法，
能织的作品的范围就会一下子变广阔，一定要学会哟。

摄影：Yukari Shirai

※为了便于看清楚，我们选用了颜色醒目的线进行"缝合"与"接合"，在实际情况中，一般选用某一侧编织终点的线。

线用完了之后，再加入新的线进行缝合、接合，最后将线头藏在反面不显眼的地方。

Q 什么是"接合"？

A 所谓的"接合"，是使用棒针、钩针将织片连接在一起的意思。下面为大家介绍的就是在本书中所出现的方法。

Q 什么是"缝合"？

A 所谓的"缝合"，是使用毛线缝针将织片连接在一起的意思。这一次介绍的是"卷针缝合"和"挑针缝合"。

棒针织片盖针接合

使用钩针的方法。具有伸缩性。

正面　反面

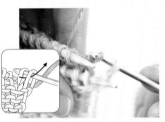

❶将两片织片正面相对，用左手拿着，将钩针插入前侧和后侧的针目中，将后侧的针目拉出。

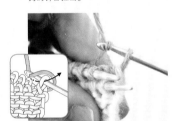

❷在钩针上挂线，引拔。

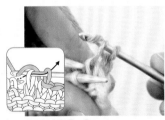

❸重复步骤❶、❷。

❹最后将线从钩针上剩余的针目中拉出，将线剪断。

棒针织片引拔接合

使用钩针的一种简单的方法。

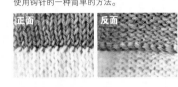
正面　反面

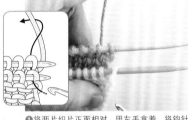

❶将两片织片正面相对，用左手拿着，将钩针插入前侧和后侧的针目中。

❷在钩针上挂线，从2个针目中一次引拔出。

❸引拔后的样子。

❹下一针也是将钩针插入前侧的针目和后侧的针目中，挂线后一次引拔出。

❺最后将线从钩针上剩余的针目中拉出，将线剪断。

钩针织片卷针缝合

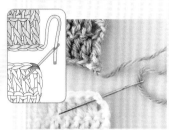

❶将两片织片正面朝上对齐，分别挑取最后1行的头部2根线。

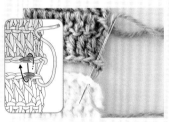

❷毛线缝针一直按照同一个方向入针，每一针缝合一次。缝合时要注意，每次拉线的力度要相同。

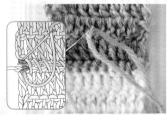

❸缝合结束后，将毛线缝针再次穿入同一个地方，拉紧。

❹将线头藏在反面。

棒针织片挑针缝合

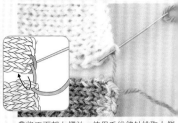

❶将正面朝上摆放，使用毛线缝针挑取上侧下侧的起针的线。

❷交替地挑取两个织片边上1针内侧的下半弧（针目与针目中间的渡线），将线拉紧（实际作时，要将缝合线拉到看不见为止）。

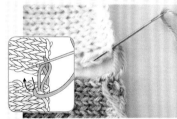

❸重复步骤❷。

❹重复"挑取下半弧、将缝合线拉紧"。

❺每一次都要拉紧到缝合线看不到为止。

针目的结构

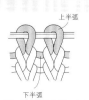
上半弧

下半弧

定价: 49.00 元

定价: 49.00 元

定价: 49.00 元

定价: 49.00 元

定价: 49.00 元

定价: 49.00 元

定价: 49.00 元

定价: 49.00 元

定价: 49.00 元

定价: 49.00 元

定价: 49.00 元

定价: 49.00 元

定价: 49.00 元

定价: 49.00 元

定价: 49.00 元

定价：49.00 元

定价：49.00 元

定价：49.00 元

定价：49.00 元

定价：59.00 元

定价：59.00 元

定价：59.00 元

定价：39.80 元

定价：49.00 元

定价：49.00 元

定价：49.00 元

定价：39.80 元

定价：49.00 元

定价：49.00 元

定价：49.00 元

定价：59.00 元

编织基础知识和制作方法

钩针

带有这个符号的内容，可到以下网址查看视频。
http://www.tezukuritown.com/lesson/knit/basic/kagibari/index.html

钩针的拿法、挂线的方法

右手
（钩针的拿法）

使用拇指和食指轻轻地拿着钩针，并放上中指。

左手
（挂线的方法）

1 将线穿到中间2根手指的内侧，线团留在外侧。

2 若线很细或者很滑，可以在小指上绕1圈。

拉紧备用

3 食指向上抬，可将线拉紧。

符号图的看法

往返编织

所有种类的针目均使用符号表示（请参见编织符号）。将这些编织符号组合在一起就成为符号图，是在钩织织片（花样）时需要用到的。
符号图都是标示的从正面看到的样子。但实际钩织的时候，有时会从正面钩织，有时也会将织片翻转后从反面钩织。

第4行➡
第3行⬅
第2行➡
从反面钩织
起针➡
第1行
从正面钩织

看符号图的时候，我们可以通过看立织的锁针在哪一边来判断是从正面钩织还是从反面钩织。立织的锁针在一行的右侧时，这一行就是从正面钩织的；当立织的锁针在一行的左侧时，这一行就是从反面钩织的。
看符号图时，从正面钩织的行是从右向左看的；与之相反，从反面钩织的行是从左向右看的。

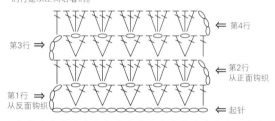

➡第4行
⬅第3行
➡第2行
从正面钩织
第1行
从反面钩织
⬅起针

从中心开始环形编织（花片等）

在手指上绕线，环形起针，像是从花片的中心开始画圆圈一样，逐渐向外钩织。
基本的方法是，从立织的锁针开始，向左一圈一圈地钩织。

带圈的数字表示的是圈数

③
②
①
环

手指挂线
环形起针

锁针起针的挑针方法

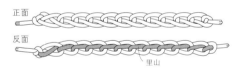

正面

反面

里山

锁针的反面有一个一个像结一样的凸起。我们将这些凸起叫作"里山"。

挑取锁针的里山

由于锁针正面的针目保持不动，所以挑取之后依旧平整。适合不进行边缘编织的情况。

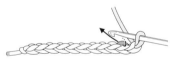

挑取锁针的半针和里山

这样挑取方便，比较稳固。适合钩织镂空花样等，需要跳过若干针进行挑针，或是使用细线钩织的情况。

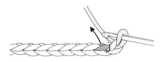

手指挂线环形起针

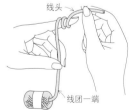

线头

线团一端

1 将线头在左手的食指上绕2圈。

按住

2 按着交叉点将环取下，注意不要破坏环的形状。

3 换左手拿环，将钩针插入环的中间，挂线后，从环的中间拉出。

4 再次挂线，引拔。

锁针的环形起针

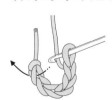

1 钩织所需要的数目的锁针，将钩针插入第1针锁针的半针和里山处。

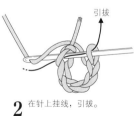

引拔

2 在针上挂线，引拔。

锁针连成了环

引拔的钩针

3 锁针连成了环。

5 在环上有了针目。但这一针不计入针数中。

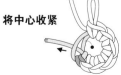

将中心收紧

6 拉动线头，环中的一根线（●）会动。

7 拉着会动的这一根线，将另一根线（★）收紧。

8 再次拉动线头，离线头近的线（●）也会收紧。

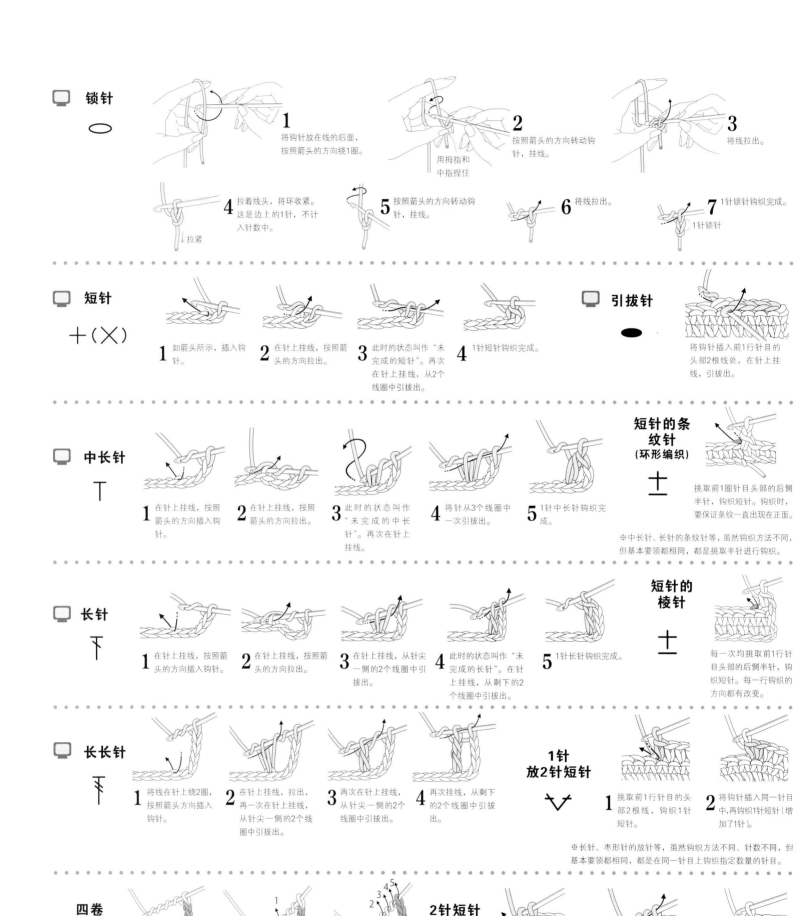

锁针 ⬭

1 将钩针放在线的后面，按照箭头的方向绕1圈。

用拇指和中指捏住

2 按照箭头的方向转动钩针，挂线。

3 将线拉出。

4 拉着线头，将环收紧。这是边上的1针，不计入针数中。

↓拉紧

5 按照箭头的方向转动钩针，挂线。

6 将线拉出。

7 1针锁针钩织完成。

1针锁针

短针 ＋（✕）

1 如箭头所示，插入钩针。

2 在针上挂线，按照箭头的方向拉出。

3 此时的状态叫作"未完成的短针"。再次在针上挂线，从2个线圈中引拔出。

4 1针短针钩织完成。

引拔针 ⬭

将钩针插入前1行针目的头部2根线处，在针上挂线，引拔出。

中长针 T

1 在针上挂线，按照箭头的方向插入钩针。

2 在针上挂线，按照箭头的方向拉出。

3 此时的状态叫作"未完成的中长针"。再次在针上挂线。

4 将针从3个线圈中一次引拔出。

5 1针中长针钩织完成。

短针的条纹针（环形编织）±

挑取前1圈针目头部的后侧半针，钩织短针。钩织时，要保证条纹一直出现在正面。

※中长针、长针的条纹针等，虽然钩织方法不同，但基本要领都相同，都是挑取半针进行钩织。

长针 T̄

1 在针上挂线，按照箭头的方向插入钩针。

2 在针上挂线，按照箭头的方向拉出。

3 在针上挂线，从针尖一侧的2个线圈中引拔出。

4 此时的状态叫作"未完成的长针"。在针上挂线，从剩下的2个线圈中引拔出。

5 1针长针钩织完成。

短针的棱针 ±

每一次均挑取前1行针目头部的后侧半针，钩织短针。每一行钩织的方向都有改变。

长长针 ⯮

1 将线在针上绕2圈，按照箭头方向插入钩针。

2 在针上挂线，拉出，再一次在针上挂线，从针尖一侧的2个线圈中引拔出。

3 再次在针上挂线，从针尖一侧的2个线圈中引拔出。

4 再次挂线，从剩下的2个线圈中引拔出。

1针放2针短针 ⋎

1 挑取前1行针目的头部2根线，钩织1针短针。

2 将钩针插入同一针目中，再钩织1针短针（增加了1针）。

※长针、枣形针的放针等，虽然钩织方法不同、针数不同，但基本要领都相同，都是在同一针目上钩织指定数量的针目。

四卷长针 ⯮

1 在针上绕4圈线，按照箭头的方向插入钩针。

2 在针上挂线，从针尖一侧的2个线圈中引拔出。

3 再次挂线，从针尖一侧的2个线圈中引拔出，再重复3次这个步骤。

2针短针并1针 ⋏

1 在针上挂线，拉出，将钩针插入下一针目中，同样挂线拉出。

2 再次在针上挂线，从针上的3个线圈中引拔出。

3 2针短针并1针钩织完成（减少了1针）。

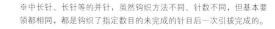

※中长针、长针等的并针，虽然钩织方法不同、针数不同，但基本要领都相同，都是钩织了指定数目的未完成的针目后一次引拔完成的。

3针长针的枣形针
（织在针目上）

1 钩织未完成的长针，再在同一针目里钩织2个相同的未完成的长针。

2 在针上挂线，从针上的4个线圈中一次引拔出。

3 3针长针的枣形针钩织完成。

变化的2针中长针的枣形针
（整段挑起）

1 将钩针插入前1行锁针下面的空隙，钩织2针未完成的中长针，从针上的前4个线圈中引拔出。

2 再一次在针上挂线，从针上剩下的2个线圈中引拔出。

3 变化的2针中长针的枣形针钩织完成。

※中长针、长针等的枣形针，虽然钩织方法不同、针数不同，但基本要领都相同，都是钩织了指定数目的未完成的针目后一次引拔完成的。
※符号图中，底部连在一起的，是在前1行的同一针目中插入钩针的；底部分开的，是将前1行的针目整段挑起钩织的。

长针的正拉针

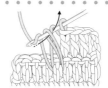

1 在针上挂线，参见图示，从正面入针，挑取针目尾部。

2 在针上挂线，拉出较长的一段，再次在针上挂线，从钩针上的2个线圈中引拔出。

3 再一次在针上挂线，从剩下的2个线圈中引拔出（钩织长针）。

4 长针的正拉针钩织完成。

长针的反拉针

在针上挂线，参照图示，从后面入针，挑取针目尾部，钩织长针。

※短针、枣形针等的拉针，虽然钩织方法不同、针数不同，但基本要领都相同。钩织时注意钩子的朝向，以及入针时要挑取针目尾部全部的线。

变化的长针1针交叉（右上）

1 钩织长针，在针上挂线，挑取前面的针目，将线拉出至刚刚钩织的长针的前方。

2 在针上挂线，每次引拔2个线圈，共引拔2次（钩织长针），于是右侧的长针在前的交叉完成。

变化的长针1针交叉（左上）

1 钩织长针，在针上挂线，挑取前面的针目，将线拉出至刚刚钩织的长针的后方。

2 在针上挂线，每次引拔2个线圈，共引拔2次（钩织长针），于是左侧的长针在前的交叉完成。

长针1针交叉

若符号图中交叉的线没有断，则在挑线的时候包裹着前面的长针，使2针长针交叉在一起。

※拉针、枣形针等的交叉，虽然钩织方法不同，抑或是针数不同，但基本看法都相同。符号图中断开的线，都是指在交叉中出现在后方的部分。

反短针

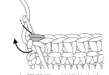

1 立织1针锁针，按照箭头的方向，将钩针绕一圈后，挑起前1行边上的针目的头部2根线。

2 如图所示，从线的上方挂线，直接按照箭头的方向拉出。

3 在针尖上挂线，从针上的2个线圈中引拔（短针）。

4 反短针钩织完成。
※接下来的针目重复步骤1~3（从左向右钩织）。

编入串珠的方法
* 编入的串珠出现在反面。

锁针

将串珠拉近，在针上挂线后钩织锁针。

5针长针的爆米花针
（织在针目上）

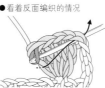

●看着反面编织的情况

1 钩织5针长针。暂将钩针拿出，按照图示，从正面插入第1针长针中。

2 将刚才松开的针目从第1针中拉出。

3 为了不让刚刚拉出的针目过于松散，钩织1针锁针，将其收紧。

从后向前插入钩针，将线拉出至后面（正面）。

短针

在未完成的短针的状态时，将串珠拉近，钩织短针。

长针

在未完成的长针的状态时，将串珠拉近，在针尖上挂线，从针上剩下的2个线圈中引拔出。

双重锁针

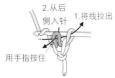

1 钩织1针锁针，将钩针插入锁针的里山中。

2 挂线后引出。

3 将钩针从刚刚钩好的针目中退出。

4 用手指按住将针退出的针目，使其不会松开，钩织1针锁针，从后侧入针。

5 挂线后拉出。

6 拉出后的样子。重复步骤3~5进行钩织。

7 钩织至所需的长度，最后从剩下的2针中一次引拔出。

棒针

带有这个符号的内容，可以到以下网址查看视频。
http://www.tezukuritown.com/lesson/knit/code/index.html

棒针的拿法

法式
是将线挂在左手食指上的编织方法，10根手指毫无浪费，全部都合理地做着动作，可以加快编织速度。建议初学者使用这种方法。

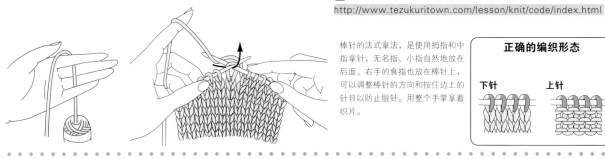

棒针的法式拿法，是使用拇指和中指拿针，无名指、小指自然地放在后面。右手的食指也放在棒针上，可以调整棒针的方向和按住边上的针目以防止脱针。用整个手掌拿着织片。

正确的编织形态

下针　　　　上针

手指挂线起针

这种起针方法简单，并且除了编织所需的针与线之外不需要任何的工具。使用这种方法起针，边具有伸缩性、薄，而且不会卷边。挂在棒针上的针目就是第1行了。

1 从线头开始计算，在所需编织宽度的3倍长度的地方绕1个圈，将线从圈中拉出。

拉两条线，使环收缩

2 穿入2根棒针，拉两条线，使环收缩。

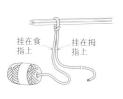

挂在食指上　挂在拇指上

3 第1针完成。将线头一侧挂在拇指上，线团一侧挂在食指上。

4 按照指尖上1、2、3的顺序，转动棒针进行挂线。

5 放开挂在拇指上的线。

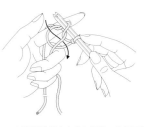

6 按照箭头的方向放入拇指，将针目收紧。

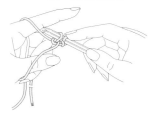

7 第2针完成。重复步骤4~6。

8 起针完成。这就是第1行。抽出1根棒针后再编织第2行。

挑取另线锁针的里山起针

这是先使用与编织作品不同的线钩织锁针，再挑取针目的里山编织的起针方法。之后可以解开另线锁针，再向反方向编织。

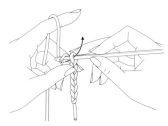

1 参照p.73，使用比棒针粗2号的钩针，起比所需数量略多几针的锁针。

2 最后再挂一次线，引拔，将线头拉出后将线剪断。

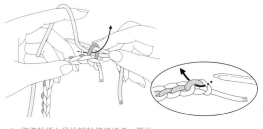

3 将棒针插入另线锁针编织终点一侧的里山处，挑织片所使用的线。

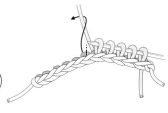

4 从每一个里山中挑一次，直至完成所需要的针目数。

棒针的基本编织方法

下针 | |　　　**上针** | —|　　　**挂针** | ○ |　　　**扭针**
| ⊘ |

1 右棒针按照箭头的方向，从后向前入针，将针目扭一下。

2 在右棒针上挂线，编织下针。下方的根部已经扭好。

右上2针并1针
| ⟋ |

不编织，直接移至右棒针上

1 右棒针从前向后插入右边的针目中，不编织，直接将针目移至右棒针上。

盖住

2 左边的针目编织下针。

3 左棒针挑起刚刚移至右棒针上的针目盖住步骤2编织的针目。

4 盖住后，退出左棒针，将针目松开。

5 右上2针并1针编织完成。

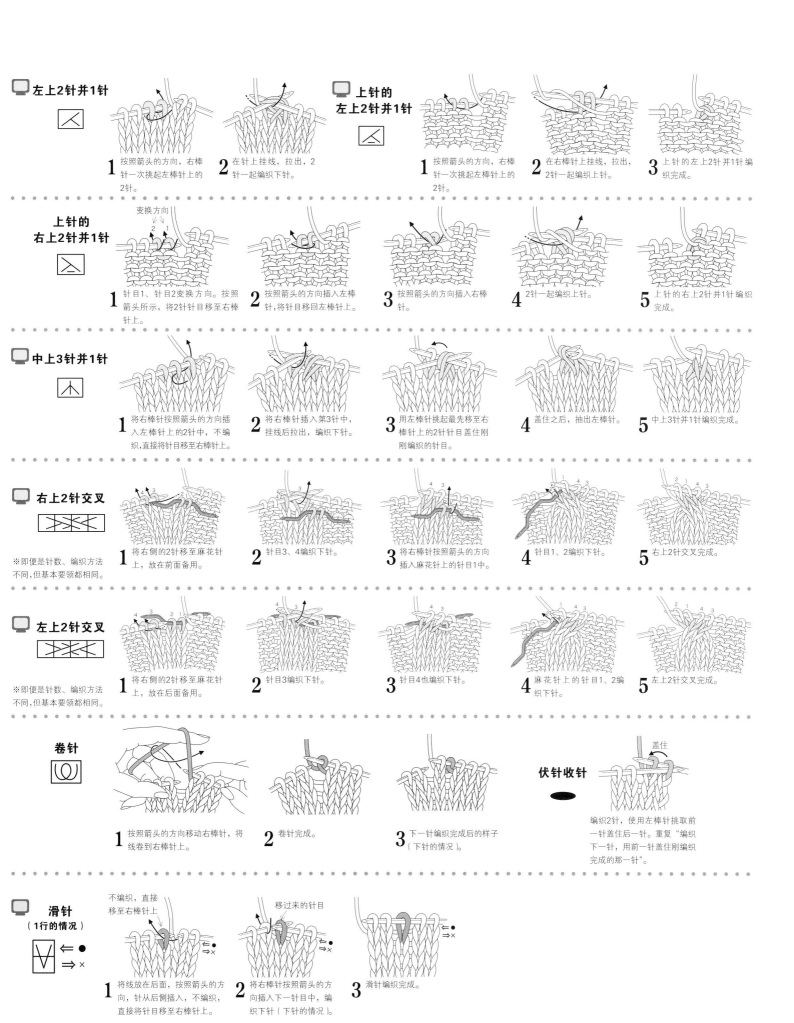

🖥 **左上2针并1针**

⊠

1 按照箭头的方向，右棒针一次挑起左棒针上的2针。

2 在针上挂线，拉出，2针一起编织下针。

🖥 **上针的 左上2针并1针**

⊠

1 按照箭头的方向，右棒针一次挑起左棒针上的2针。

2 在右棒针上挂线，拉出，2针一起编织上针。

3 上针的左上2针并1针编织完成。

🖥 **上针的 右上2针并1针**

⊠

1 针目1、针目2变换方向。按照箭头所示，将2针针目移至右棒针上。

2 按照箭头的方向插入左棒针，将针目移回右棒针上。

3 按照箭头的方向插入右棒针。

4 2针一起编织上针。

5 上针的右上2针并1针编织完成。

🖥 **中上3针并1针**

⅄

1 将右棒针按照箭头的方向插入左棒针上的2针中，不编织，直接将针目移至右棒针上。

2 将右棒针插入第3针中，挂线后拉出，编织下针。

3 用左棒针挑起最先移至右棒针上的2针针目盖住刚刚编织的针目。

4 盖住之后，抽出左棒针。

5 中上3针并1针编织完成。

🖥 **右上2针交叉**

⧓

※即便是针数、编织方法不同，但基本要领都相同。

1 将右侧的2针移至麻花针上，放在前面备用。

2 针目3、4编织下针。

3 将右棒针按照箭头的方向插入麻花针上的针目1中。

4 针目1、2编织下针。

5 右上2针交叉完成。

🖥 **左上2针交叉**

⧓

※即便是针数、编织方法不同，但基本要领都相同。

1 将右侧的2针移至麻花针上，放在后面备用。

2 针目3编织下针。

3 针目4也编织下针。

4 麻花针上的针目1、2编织下针。

5 左上2针交叉完成。

卷针

◎

1 按照箭头的方向移动右棒针，将线卷到右棒针上。

2 卷针完成。

3 下一针编织完成后的样子（下针的情况）。

伏针收针

●

编织2针，使用左棒针挑取前一针盖住后一针。重复"编织下一针，用前一针盖住刚编织完成的那一针"。

🖥 **滑针**
（1行的情况）

⋁
⇐ ●
⇒ ×

1 将线放在后面，按照箭头的方向，针从后侧插入，不编织，直接将针目移至右棒针上。

2 将右棒针按照箭头的方向插入下一针目中，编织下针（下针的情况）。

3 滑针编织完成。

※即便是行数不同或是编织上针的情况，但基本要领都相同。不改变针目的朝向，不编织，直接将针目移到右棒针上。

休针

主体
（编织花样）
13号棒针

121
（242
行）

← 23（51针）起针 →

完成图

将编织起点与编织终点
正面相对对齐，使用钩
针引拔接合

p.4
阿兰风围脖

材料与工具
（后正产业）Rover 深褐色（4）270g
棒针 13 号，钩针 6/0 号

成品尺寸
宽 23cm，长 121cm

编织密度
10cm×10cm 面积内：编织花样 22 针，20 行

制作要点
●另线锁针起 51 针，参照图示，按编织花样编织 242 行。
●一边解开另线锁针，一边用其他针挑针，将编织起点与编织终点正面相对对齐，使用钩针引拔接合。

主体

休针

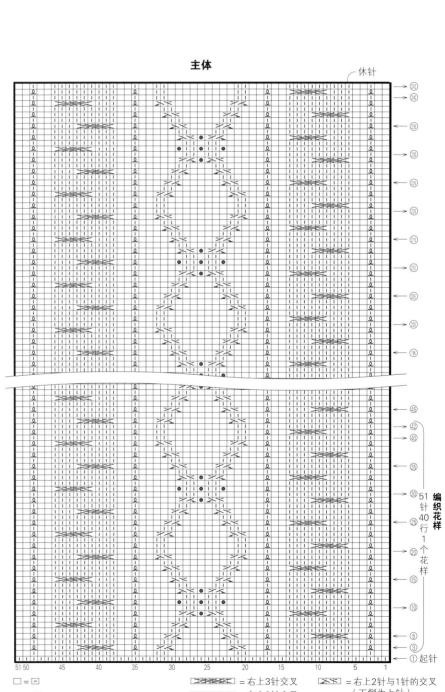

51 针 编织花样 40 行 1 个花样

□ = □

● = 将针目移到钩针上，将线拉出至中长针的长度后，钩织4针中长针的枣形针
6/0号钩针

= 右上3针交叉
= 左上3针交叉
⊠ = 扭针

= 右上2针与1针的交叉（下侧为上针）
= 左上2针与1针的交叉（下侧为上针）

p.5
阿兰风手提包
阿兰风围巾

材料与工具
手提包
（后正产业）Rover 灰色（2）280g
钩针 7/0 号
围巾
（后正产业）Chameleon Camera Solid 灰色（104）
95g, Lourdes 粉色（4）、黄色（5）各30g
钩针 6/0 号

成品尺寸
手提包：宽 30cm，包深 25cm（不含提手）
围巾：宽 13.5cm，长 97cm

编织密度
10cm×10cm 面积内：编织花样 A 17针，13.5行；
编织花样 C 21.5针，15.5 行

制作要点
手提包
●主体锁针起51针后钩织短针，从第52针开始，
挑取锁针的半针，起包底的一圈。随后参照图示，
环形钩织编织花样 A，钩织边缘编织。
●提手是从主体的4个指定位置挑取，钩织16行。
标记之间正面相对对齐，引拔接合在一起。
围巾
●3根线一起，锁针起29针，参照图示，依次
钩织边缘编织、编织花样 C、边缘编织。

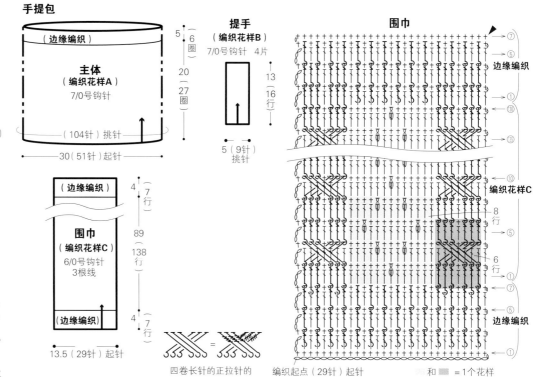

手提包

提手
（编织花样B）
7/0号钩针 4片

围巾

四卷长针的正拉针的
右上3针交叉

编织起点（29针）起针

☐ 和 ▨ =1个花样

▷ =加线
▶ =剪线

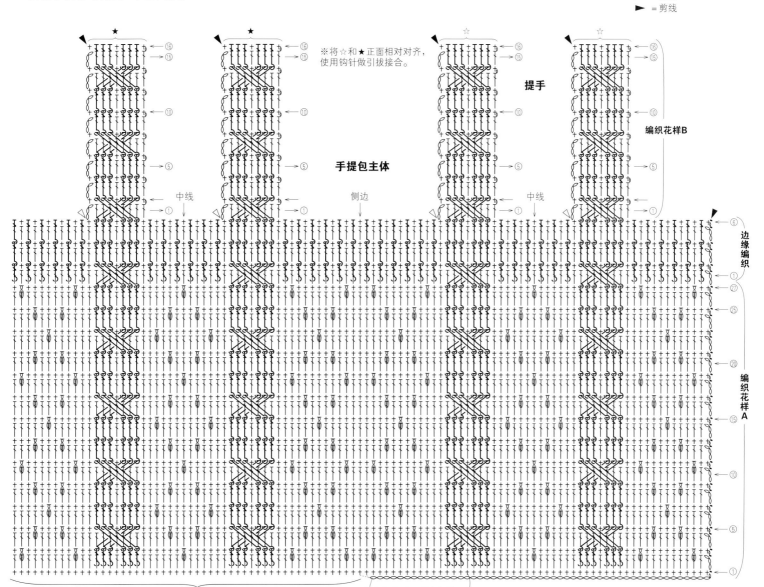

※将☆和★正面相对对齐，
使用钩针做引拔接合。

提手

手提包主体

编织花样B

挑取起针的锁针（51针）剩下的半针
※起针的锁针的两端针目各织3针短针。

编织起点（51针）起针
先钩织的短针挑取半针和里山

= 变化的4针中长针的枣形针
（整段挑起前1圈长针的尾部）

= 长针的正拉针

花片连接的分布图

137

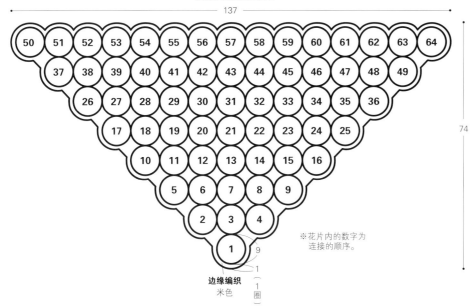

| 50 | 51 | 52 | 53 | 54 | 55 | 56 | 57 | 58 | 59 | 60 | 61 | 62 | 63 | 64 |

74

※花片内的数字为
连接的顺序。

边缘编织
米色

9

1(1圈)

p.6
花片连接的三角形披肩

材料与工具
（后正产业）Mulberry 原色（4）160g，米色（5）
90g，Ciniglia 土黄色（4）60g
钩针 5/0 号

成品尺寸
宽 137cm，长 74cm

编织密度
花片大小：直径 9cm

制作要点
● 花片使用原色线手指挂线环形起针，参照图示，
使用指定的配色线钩织 5 圈。从第 2 片开始，在
第 5 圈与前 1 片钩织连接在一起。
● 边缘编织使用米色线钩织一圈。

花片连接

边缘编织
米色

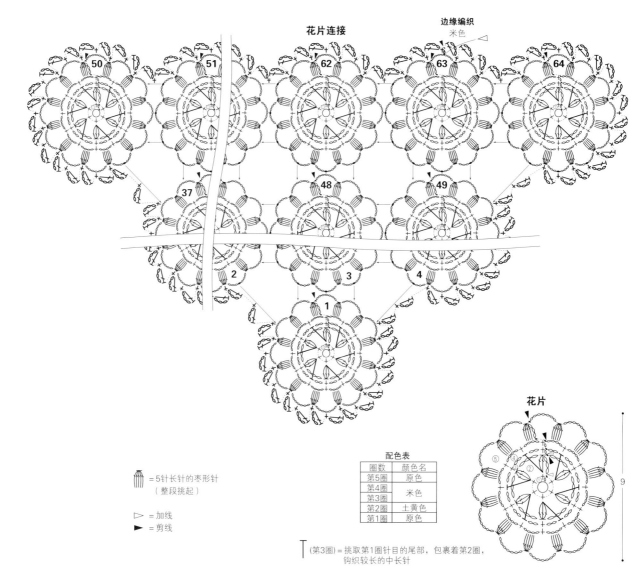

= 5针长针的枣形针
（整段挑起）

▷ = 加线
► = 剪线

花片

9

配色表

圈数	颜色名
第5圈	原色
第4圈	米色
第3圈	
第2圈	土黄色
第1圈	原色

（第3圈）= 挑取第1圈针目的尾部，包裹着第2圈
钩织较长的中长针

p.10
麻花花样和镂空花样的披风

材料与工具
（后正产业）Giselle 百里香（4）620g
棒针 10 号

成品尺寸
衣长 52cm，连肩袖长 61cm

编织密度
10cm×10cm 面积内：编织花样 16.5 针，22 行

制作要点
● 手指挂线起针，起 86 针，编织 8 行起伏针、255 行编织花样、7 行起伏针，伏针收针。
● 另一片将编织花样中的右上 3 针交叉改为左上 3 针交叉，其余部分不变。将两片主体对齐，A 与 A' 的对齐标记☆处、★处，使用毛线缝针分别挑针缝合，参照图示组合在一起。

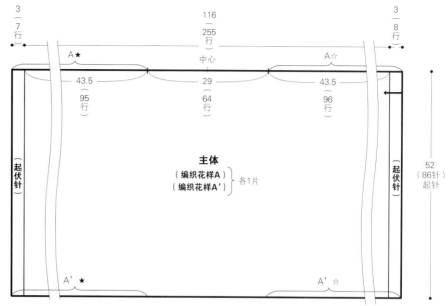

※将2片主体的☆、★处分别对齐后，使用毛线缝针挑针缝合。

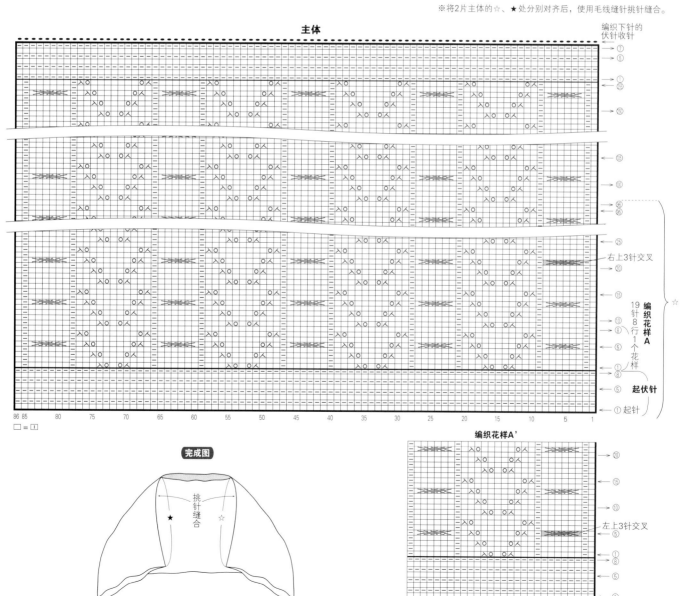

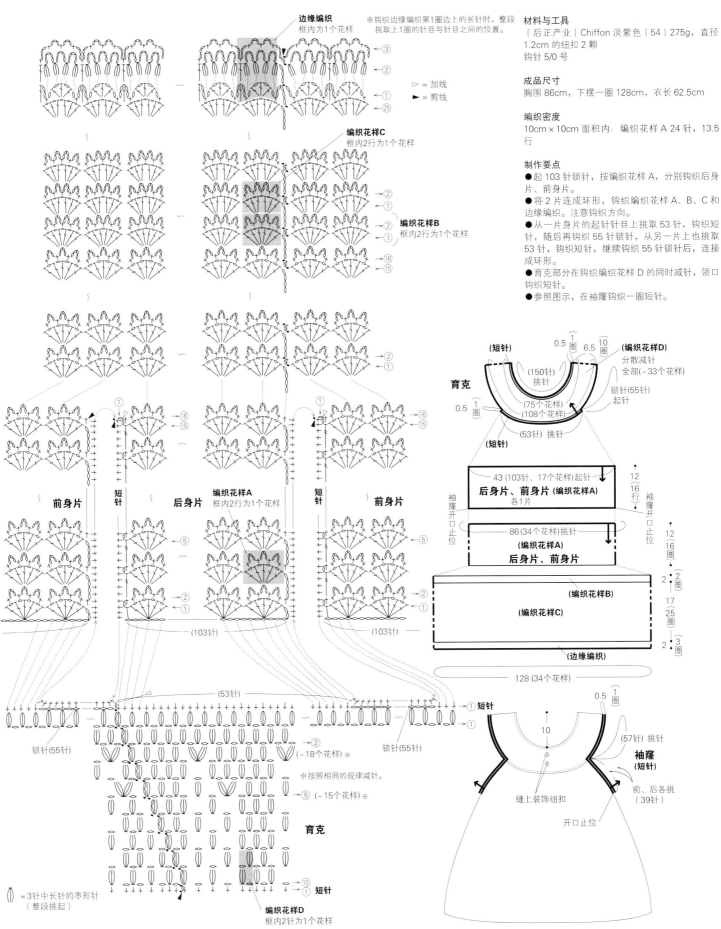

边缘编织
框内为1个花样

※钩织边缘编织第1圈边上的长针时，整段挑取上1圈的针目与针目之间的位置。

▷ = 加线
► = 剪线

编织花样C
框内2行为1个花样

编织花样B
框内2行为1个花样

编织花样A
框内2行为1个花样

前身片 **短针** **后身片** **编织花样A** **短针** **前身片**
框内2行为1个花样

(103针) (103针)

(53针)

锁针(55针) 锁针(55针)

(-18个花样)※

※按照相同的规律减针。

(-15个花样)※

育克

‖ =3针中长针的枣形针
（整段挑起）

编织花样D
框内2针为1个花样

短针

p.8
圆育克收腰长上衣

材料与工具
（后正产业）Chiffon 淡紫色（54）275g，直径1.2cm 的纽扣 2 颗
钩针 5/0 号

成品尺寸
胸围 86cm，下摆一圈 128cm，衣长 62.5cm

编织密度
10cm×10cm 面积内：编织花样 A 24 针，13.5 行

制作要点
●起 103 针锁针，按编织花样 A，分别钩织后身片、前身片。
●将 2 片连成环形，钩织编织花样 A、B、C 和边缘编织。注意钩织方向。
●从一片身片的起针针目上挑取 53 针，钩织短针，随后再钩织 55 针锁针，从另一片上也挑取 53 针，钩织短针，继续钩织 55 针锁针后，连接成环形。
●育克部分在钩织编织花样 D 的同时减针，领口钩织短针。
●参照图示，在袖隆钩织一圈短针。

育克
(短针)
0.5 [1圈] 1 0.5 [1圈] 6.5 10 (编织花样D)
分散减针全部（-33个花样）
(150针)挑针
锁针(55针)起针
0.5 [1圈] (75个花样)
(108个花样)
(53针)挑针
(短针)

43 (103针，17个花样)起针
后身片、前身片（编织花样A）
各1片
12 (16行)

袖隆开口止位

86 (34个花样)挑针
(编织花样A)
后身片、前身片
12 (16圈)

袖隆开口止位

2 (2圈)

(编织花样B)
17 (25圈)

(编织花样C)

2 (3圈)

(边缘编织)

128 (34个花样)

0.5 [1圈]
10
(57针)挑针
袖隆
(短针)
前、后各挑
(39针)

缝上装饰纽扣

开口止位

p.11
简约风阿兰背心

材料与工具
（后正产业）Giselle 海军蓝色（02）260g
棒针 9 号、7 号

成品尺寸
胸围 92cm，肩宽 32cm，衣长 55cm

编织密度
10cm×10cm 面积内：下针编织 15 针，23 行；
编织花样 18.5 针，23 行

制作要点
● 后身片手指挂线起针，编织双罗纹针，随后参照图示做下针编织，一边减针一边编织袖窿、领口。
● 前身片与后身片相同，手指挂线起针，编织双罗纹针。随后在两侧做下针编织。中央部分参照图示，按编织花样编织，并在第 1 行加 3 针。
● 肩部做盖针接合，袖窿往返编织双罗纹针。编织终点做下针织下针、上针织上针的伏针收针。
● 领口环形编织双罗纹针。编织终点使用与袖窿相同的方法做伏针收针。
● 胁部使用毛线缝针挑针缝合。

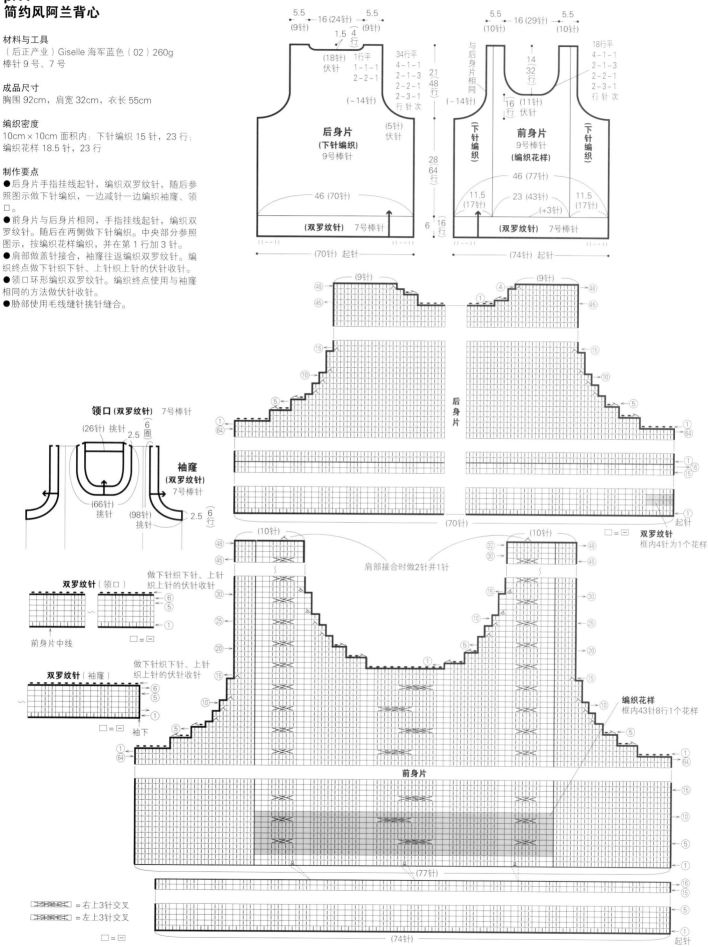

双罗纹针
框内4针为1个花样

编织花样
框内43针8行1个花样

= 右上3针交叉
= 左上3针交叉
□ = □

83

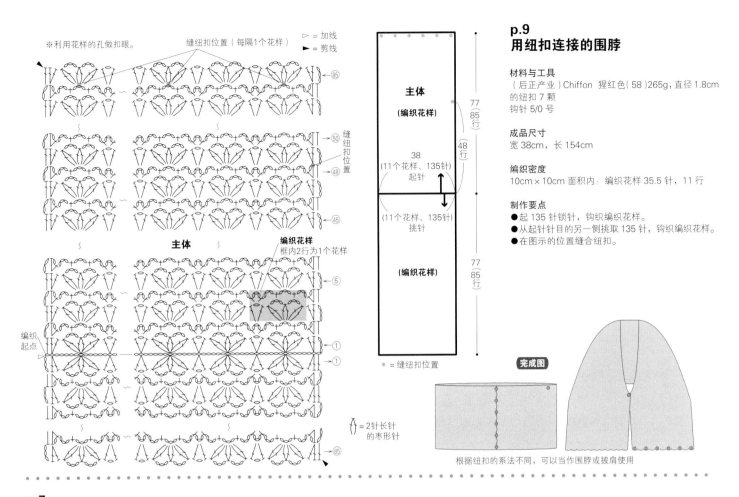

※利用花样的孔做扣眼。

缝纽扣位置（每隔1个花样）

▷ = 加线
► = 剪线

主体
（编织花样）

→85

→50 缝纽扣位置

→48

→45

主体

编织花样
框内2行为1个花样

编织起点

→5

→1

=2针长针的枣形针

→85

p.9
用纽扣连接的围脖

材料与工具
（后正产业）Chiffon 猩红色（58）265g，直径1.8cm
的纽扣 7 颗
钩针 5/0 号

成品尺寸
宽 38cm，长 154cm

编织密度
10cm × 10cm 面积内：编织花样 35.5 针，11 行

制作要点
● 起 135 针锁针，钩织编织花样。
● 从起针针目的另一侧挑取 135 针，钩织编织花样。
● 在图示的位置缝合纽扣。

主体
（编织花样）

38
（11个花样、135针）
起针

（11个花样、135针）
挑针

（编织花样）

77（85行）

48行

77（85行）

● = 缝纽扣位置

完成图

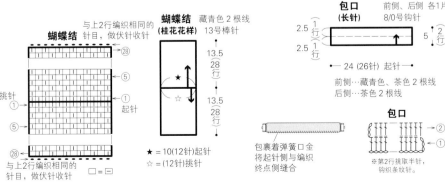

根据纽扣的系法不同，可以当作围脖或披肩使用

---

p.7
蝴蝶结花片手拿包
扭花发带

材料与工具
手拿包
（后正产业）Ciniglia 藏青色（7）50g，茶色（11）
85g，弹簧口金金色24cm（JS-8024）
棒针 13 号，钩针 8/0 号，钩针 7mm 或 8mm（钩
另针锁针用）
发带
（后正产业）Ciniglia 茶色（11）30g，环形橡
皮筋（黑色）1 根，4mm 的串珠 1 颗
棒针 13 号，钩针 7mm 或 8mm（钩另线锁针用）

成品尺寸
手拿包：宽 26cm，包深 18.5cm
发带：宽 10cm，长 42cm（不包括橡皮筋部分）

编织密度
10cm × 10cm 面积内：下针编织 11 针，19.5 行；
桂花花样 11.5 针，20.5 行

制作要点
手拿包
● 主体另线锁针起针，前侧做下针编织，解开起
针针目，加 2 针后，使用桂花花样编织后侧。主体
对齐，相同标记处使用毛线缝针挑针缝合。
● 包口钩织长针，包住弹簧口金后，将下侧缝合，
再缝合到主体上。
● 蝴蝶结另线锁针起针，在中央扭一下，做成蝴
蝶结的形状，缝合固定，缝在主体的前侧。
发带
● 另线锁针起 12 针，参照图示编织桂花花样和
起伏针，解开起针针目，另一侧也编织桂花花样
和起伏针。
● 在中央扭一下，做成蝴蝶结的形状，缝合固定，
两端与橡皮筋缝合在一起。

手拿包主体

伏针收针

前侧

→31

→28

→5

→1

挑针①

→5

→1

桂花花样
框内2针2行为1个花样

后侧

→30

→33

与上2行编织相同的针目，做伏针收针

□ = ⊟

⌇ = 扭针加针
（将针目与针目之间的渡线扭一下后进行加针）

手拿包主体
13号棒针
24（26针）

前侧
（下针编织）
藏青色、茶色2根线
26（28针）起针

（30针）挑针

后侧
（桂花花样）
茶色 2 根线

24（28针）

3行平
28-1-1
行 针 次
（-1针）

16（31行）

16（33行）

3行平
30-1-1
行 针 次

※将相同的标记（◎、●）对齐并缝合。

蝴蝶结
与上2行编织相同的针目，做伏针收针

挑针①

→5

→1

→5

→28

与上2行编织相同的针目，做伏针收针

□ = ⊟

蝴蝶结
（桂花花样） 藏青色2根线
13号棒针

→28

→5

→1

★

☆

13.5（28行）

13.5（28行）

★ = 10(12针)起针
☆ = (12针)挑针

包口
（长针）

前侧、后侧 各1片
8/0号钩针

2.5（1行）

2.5（1行）

24（26针）起针

前侧…藏青色、茶色2根线
后侧…茶色2根线

包口

包裹着弹簧口金
将起针侧与编织
终点侧缝合

→②

→①

※第2行挑取半针，钩织条纹花样。

※除包口之外的起针，均使用7mm或8mm钩针编织。

p.16
皮草贝雷帽

材料与工具
和麻纳卡 Alpaca Lily 茶色（113）20g，Lupo 皮草线白色（1）70g
棒针 15 号

成品尺寸
头围 56cm，帽深 22cm

编织密度
10cm×10cm 面积内：条纹花样 13 针，19 行

制作要点
●使用 Alpaca Lily 线，手指挂线起针，起 72 针，环形编织单罗纹针。
●参照图示，编织条纹花样。在第 10 圈加至 108 针，一直编织至第 31 圈，在第 32 圈减至 72 针。第 37 圈、第 38 圈也要减针，减至 18 针。将线穿入最后 1 圈的 18 针中，收紧。

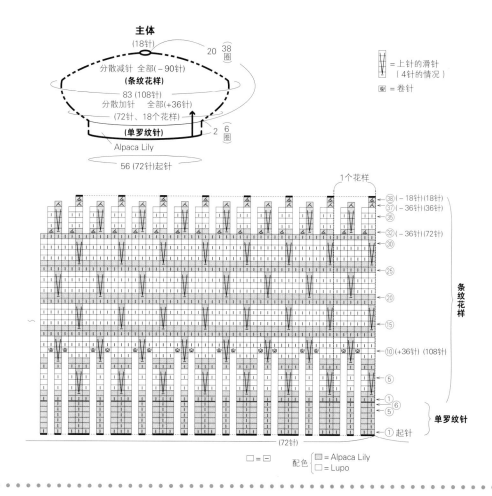

主体
（18针）　20　⑧圈
分散减针 全部（-90针）
（条纹花样）
83（108针）
分散加针 全部（+36针）
（72针、18个花样）
（单罗纹针）　2 ⑥圈
Alpaca Lily
56（72针）起针

1个花样

38（-18针）(18针)
37（-36针）(36针)
35
32（-36针）(72针)
30
25
20
15
10（+36针）(108针)
5
1 ⑥
5
1 起针

条纹花样

单罗纹针

(72针)

= 上针的滑针（4针的情况）
⑩ = 卷针

□ = ─
配色　■ = Alpaca Lily
　　　□ = Lupo

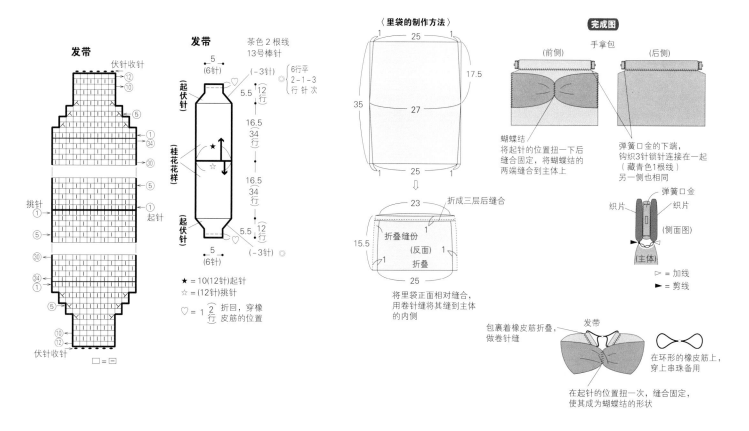

发带
伏针收针
⑫
⑩
⑤
①
㉞
㉚
挑针　①
⑤
㉚
㉞
①
⑤
⑩
⑫
伏针收针
□ = ─

发带
茶色 2 根线
13 号棒针
5（6针）
（-3针）　6行平
2-1-3
行 针次
【起伏针】
5.5　⑫　12行
16.5
34行
【桂花花样】★ ☆
16.5
34行
【起伏针】
5.5　⑫　12行
（-3针）
5（6针）

★ = 10（12针）起针
☆ = （12针）挑针
♡ = 1↗2行 折回，穿橡皮筋的位置

〈里袋的制作方法〉
1　25　1
17.5
35　　27
1　25　1
折成三层后缝合
23
15.5　折叠缝份（反面）　1
折叠
25

将里袋正面相对缝合，用卷针针将其缝到主体的内侧

完成图
手拿包
（前侧）　　（后侧）

蝴蝶结
将起针的位置扭一下后缝合固定，将蝴蝶结的两端缝合到主体上

弹簧口金的下端，钩织3针锁针连接在一起（藏青色1根线）另一侧也相同

弹簧口金
织片　织片
（侧面图）
（主体）

▷ = 加线
► = 剪线

包裹着橡皮筋折叠，做卷针缝
发带
在环形的橡皮筋上，穿上串珠备用

在起针的位置扭一次，缝合固定，使其成为蝴蝶结的形状

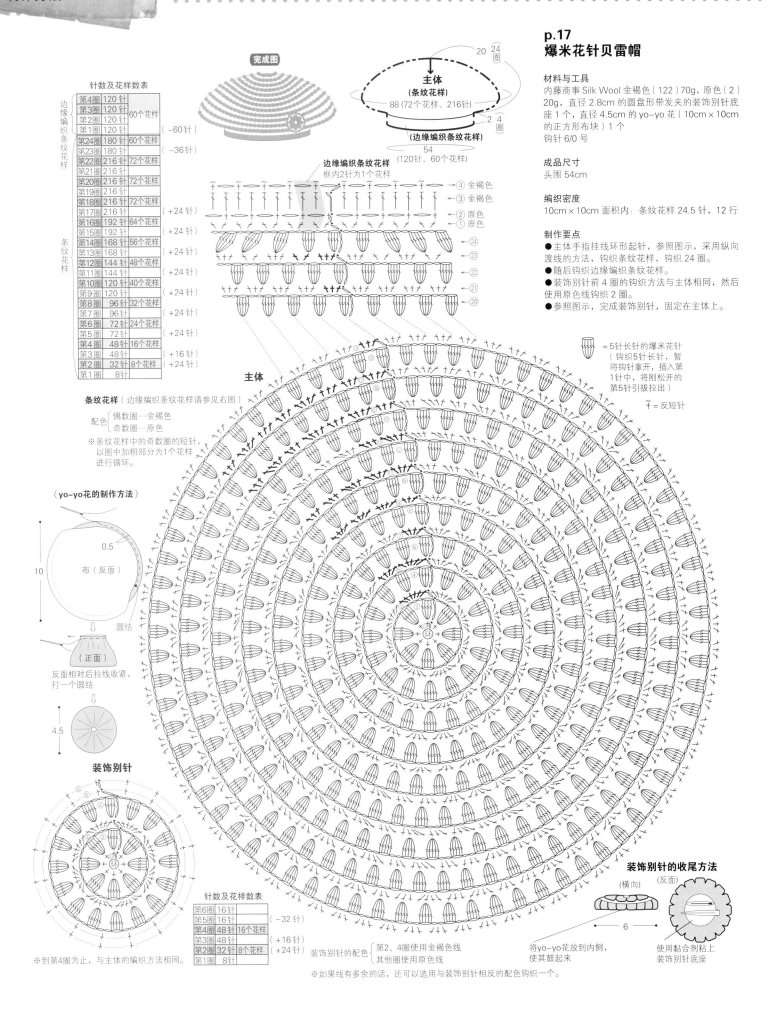

完成图

针数及花样数表

边缘编织条纹花样	第4圈	120针	60个花样
	第3圈	120针	
	第2圈	120针	
	第1圈	120针	(−60针)
条纹花样	第24圈	180针	60个花样
	第23圈	180针	(−36针)
	第22圈	216针	72个花样
	第21圈	216针	
	第20圈	216针	72个花样
	第19圈	216针	
	第18圈	216针	72个花样
	第17圈	216针	(+24针)
	第16圈	192针	64个花样
	第15圈	192针	(+24针)
	第14圈	168针	56个花样
	第13圈	168针	(+24针)
	第12圈	144针	48个花样
	第11圈	144针	(+24针)
	第10圈	120针	40个花样
	第9圈	120针	(+24针)
	第8圈	96针	32个花样
	第7圈	96针	
	第6圈	72针	24个花样
	第5圈	72针	(+24针)
	第4圈	48针	16个花样
	第3圈	48针	(+16针)
	第2圈	32针	8个花样
	第1圈	8针	(+24针)

主体
(条纹花样)
88 (72个花样、216针)

（边缘编织条纹花样）
54
(120针、60个花样)

边缘编织条纹花样（框内2针为1个花样）

④ 金褐色
③ 金褐色
② 原色
① 原色

p.17
爆米花针贝雷帽

材料与工具
内藤商事 Silk Wool 金褐色（122）70g，原色（2）20g，直径2.8cm的圆盘形带发夹的装饰别针底座1个，直径4.5cm的yo-yo花（10cm×10cm的正方形布块）1个
钩针6/0号

成品尺寸
头围54cm

编织密度
10cm×10cm面积内：条纹花样24.5针，12行

制作要点
● 主体手指挂线环形起针，参照图示，采用纵向渡线的方法，钩织条纹花样，钩织24圈。
● 随后钩织边缘编织条纹花样。
● 装饰别针前4圈的钩织方法与主体相同，然后使用原色线钩织2圈。
● 参照图示，完成装饰别针，固定在主体上。

= 5针长针的爆米花针（钩织5针长针，暂将钩针拿开，插入第1针中，将刚松开的第5针引拔拉出）
反 = 反短针

条纹花样（边缘编织条纹花样请参见右图）
配色 { 偶数圈…金褐色 / 奇数圈…原色 }
※条纹花样中的奇数圈的短针，以图中加粗部分为1个花样进行循环。

〈yo-yo花的制作方法〉
0.5
布（反面）
圆结
（正面）
反面相对后拉线收紧，打一个圆结
4.5

主体

装饰别针

装饰别针的收尾方法
（横向）
（反面）
6
将yo-yo花放到内侧，使其鼓起来
使用黏合剂粘上装饰别针底座

针数及花样数表

第6圈	16针	
第5圈	16针	(−32针)
第4圈	48针	16个花样
第3圈	48针	(+16针)
第2圈	32针	8个花样
第1圈	8针	(+24针)

※到第4圈为止，与主体的编织方法相同。

装饰别针的配色 { 第2、4圈使用金褐色线 / 其他圈使用原色线 }

※如果线有多余的话，还可以选用与装饰别针相反的配色钩织一个。

p.15
带护耳的帽子
阿兰花样的帽子

材料与工具
带护耳的帽子
奥林巴斯 Make Make 自然色（608）85g，棒针（4根针一组）10号，钩针 7/0号
阿兰花样的帽子
和麻纳卡 Warmmy 原色（1）110g，棒针（4根针一组）10号

成品尺寸
带护耳的帽子：头围 50cm，帽深 20.5cm（不含护耳部分）
阿兰花样的帽子：头围 50cm，帽深 26.5cm

编织密度
10cm×10cm 面积内：编织花样 21针，22行

制作要点
带护耳的帽子
●手指挂线起针，起3针，参照图示使用卷针加针，往返编织 23 行编织花样。将线剪断，再编织另一侧的护耳部分。
●参照图示，一边做卷针加针，一边将两片护耳连接起来，按编织花样环形编织 45 圈，将线在最后 1 圈中穿 2 次后收紧。
●包括护耳部分，在边缘钩织 1 圈短针。
●使用三股辫编织法，制作系绳，连接到指定的位置。
阿兰花样的帽子
●手指挂线起针，环形编织双罗纹针 15 圈。
●编织 1 圈下针，同时减 2 针，参照图示，编织 45 圈编织花样。将线在最后 1 圈中穿 2 次后收紧。
●制作绒球，缝到指定位置。

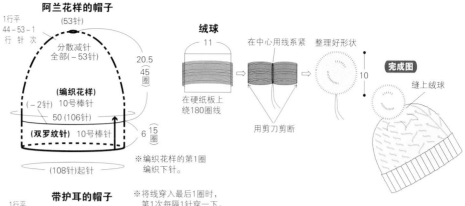

阿兰花样的帽子

※编织花样的第1圈编织下针。

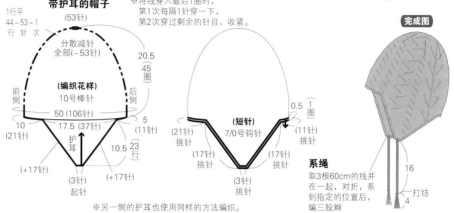

带护耳的帽子

※将线穿入最后1圈时，第1次每隔1针穿一下，第2次穿过剩余的针目，收紧。

※另一侧的护耳也使用同样的方法编织。

系绳
取3根60cm的线并在一起，对折，系到指定的位置后，编三股辫。

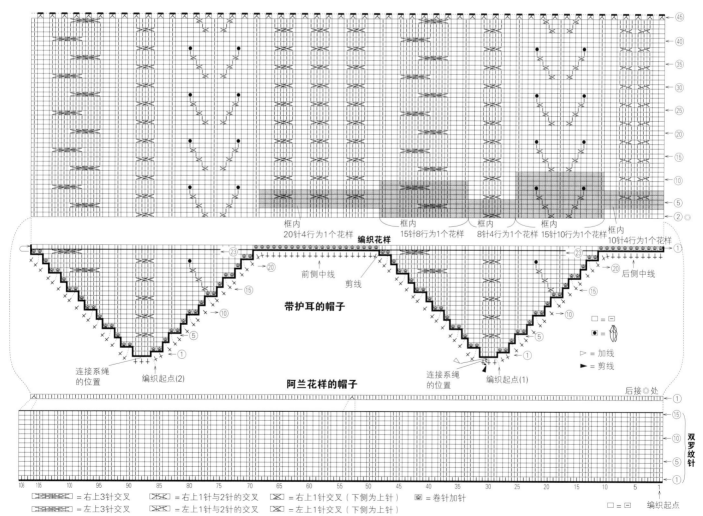

编织花样

带护耳的帽子

阿兰花样的帽子

框内 20针4行为1个花样　框内 15针8行为1个花样　框内 8针4行为1个花样　框内 15针10行为1个花样　框内 10针4行为1个花样

□ = □
● =
▷ = 加线
► = 剪线

连接系绳的位置　　编织起点(2)
连接系绳的位置　　编织起点(1)

后接◎处

双罗纹针

编织起点

= 右上3针交叉　　= 右上1针与2针的交叉　　= 右上1针交叉（下侧为上针）　　= 卷针加针

= 左上3针交叉　　= 左上1针与2针的交叉　　= 左上1针交叉（下侧为上针）

□ = □ = 编织起点

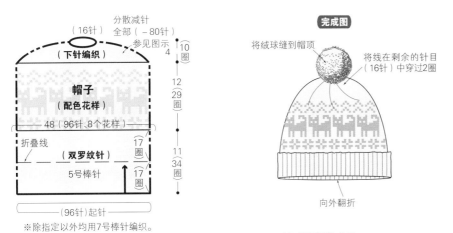

小猫图案的帽子

材料与工具
芭贝 British Eroika 黄色（191）95g，蓝灰色（188）15g 或蓝绿色（190）95g，浅灰白色（134）15g
棒针 7 号、5 号

成品尺寸
头围 48cm，帽深 21.5cm

编织密度
10cm×10cm 面积内：配色花样 20 针，24 行

制作要点
●帽子手指挂线起针，起 96 针，连接成环形，编织 34 圈双罗纹针。随后使用横向渡线的方法按配色花样编织 29 圈，一边进行分散减针，一边做下针编织，编织 10 圈。将线在编织终点剩余的针目（16 针）中穿 2 圈后收紧。
●参照图示制作绒球，缝到帽顶。

绒球
黄色 1个

绒球的制作方法

□ = ⊡
配色 { = 黄色或者蓝绿色
    { = 蓝灰色或者浅灰白色

帽子

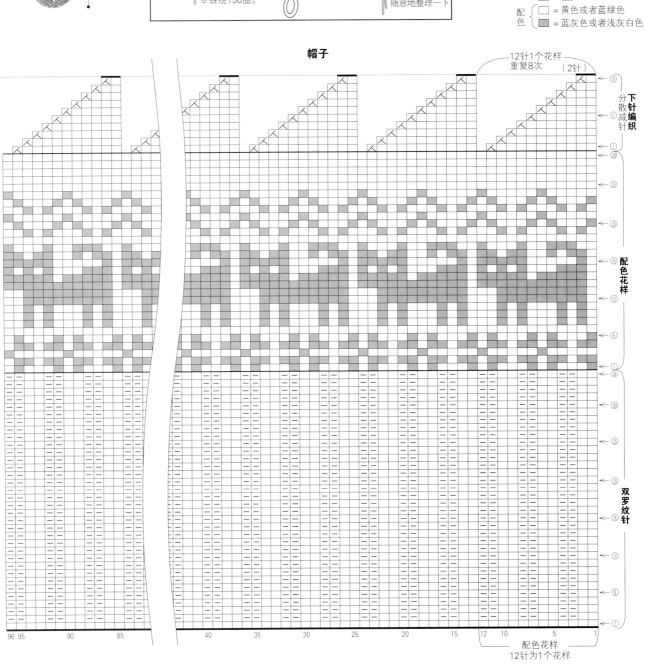

p.18
礼帽

材料与工具
和麻纳卡 Bosk 灰色（3）120g，Alpaca Mohair
Fine 原色（1）25g，茶色（18）10g，塑型丝
3m，热缩缩带 10cm，直径 1.2cm 的纽扣 8 颗，
装饰别针 1 个
钩针 8mm、4/0 号

成品尺寸
头围 57.5cm，帽深 10cm

编织密度
10cm×10cm 面积内：短针 9 针，10 行

制作要点
●帽子锁针起 3 针，参照图示，不钩织立针，
直接使用短针一圈圈地钩织 25 圈。在钩织第 8
圈、第 24 圈、第 25 圈时，要包裹着塑型丝一
同钩织，请予以注意。在第 17 圈钉纽扣。
●装饰带起 439 针锁针，参照图示钩织。
●花片手指挂线环形起针，参照图示钩织 4 圈。
共钩织 3 片，制作花朵装饰。
●参照完成图，将装饰带与花朵装饰连接到帽
子上。

花片　茶色　2片
4/0号钩针　　　　原色　1片

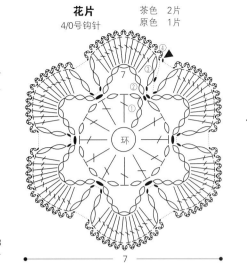

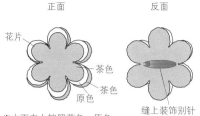

花朵的组合方法

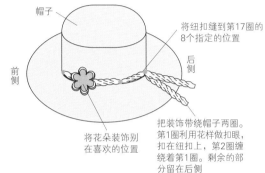

正面　　　反面

花片
茶色
茶色
原色

缝上装饰别针

※由下向上按照茶色、原色、
茶色的顺序叠放，将中心缝
合固定。

完成图

帽子

将纽扣缝到第17圈的
8个指定的位置

前侧　　　后侧

将花朵装饰别
在喜欢的位置

把装饰带绕帽子两圈。
第1圈利用花样做扣眼，
扣在纽扣上，第2圈缠
绕着第1圈。剩余的部
分留在后侧

装饰带
1个花样　　原色　1片　4/0号钩针

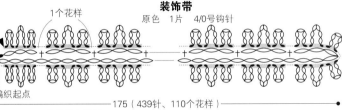

编织起点
175（439针、110个花样）
●＝整段挑起锁针

帽子（短针）
灰色 8mm钩针

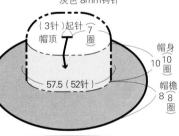

（3针）起针　7圈
帽顶
帽身 10圈
57.5（52针）
帽檐 8圈
113（108针）

※包裹着塑型丝钩织的圈。
第8圈　塑型丝65cm
（在两端连接上2.5cm的热收缩带）
第24、25圈
塑型丝235cm
（在两端连接上2.5cm的热收缩带）

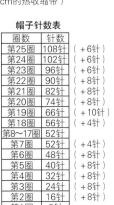

扭一下
塑型丝
热收缩带

扭成环状，在将线拉
出、引拔针目时，包
裹着其钩织

帽子针数表

圈数	针数	
第25圈	108针	（+6针）
第24圈	102针	（+6针）
第23圈	96针	（+6针）
第22圈	90针	（+8针）
第21圈	82针	（+8针）
第20圈	74针	（+8针）
第19圈	66针	（+10针）
第18圈	56针	（+4针）
第8~17圈	52针	
第7圈	52针	（+4针）
第6圈	48针	（+8针）
第5圈	40针	（+8针）
第4圈	32针	（+8针）
第3圈	24针	（+8针）
第2圈	16针	（+8针）
第1圈	8针	

帽子

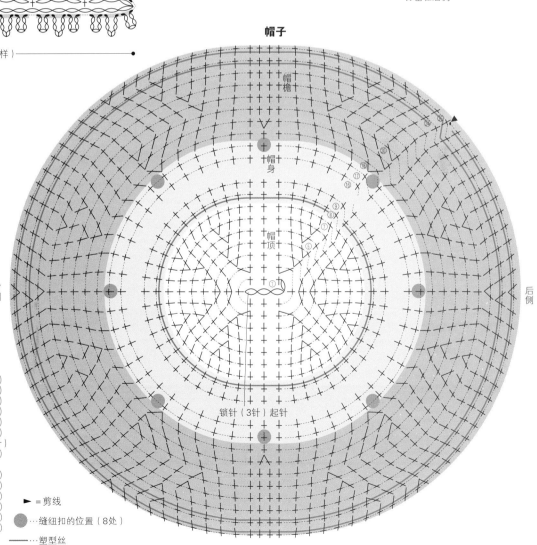

前侧　　　后侧

锁针（3针）起针

► ＝剪线
●…缝纽扣的位置（8处）
—…塑型丝

帽檐

条纹花样B

帽檐针数表	
圈数	针数
第11圈	76针
第10圈	72针
第9圈	68针
第8圈	68针
第7圈	64针
第6圈	64针
第5圈	60针
第4圈	60针
第3圈	56针
第2圈	56针
第1圈	48针

配色 {
— = 驼色
— = 墨水蓝色
}

p.19
条纹报童帽

材料与工具
和麻纳卡 Amerry 墨水蓝色（16）65g，驼色（8）
25g 或藏青色（17）90g，帽檐芯（H204-607-
1）1 片
钩针 6/0 号

成品尺寸
头围 50cm，帽深 22.5cm

编织密度
10cm×10cm 面积内：条纹花样 A 24 针，10
行

制作要点
● 主体手指挂线环形起针，参照图示，钩织 21
圈条纹花样 A。随后钩织 4 圈边缘编织。
● 帽檐起 22 针锁针，参照图示，钩织 11 圈条纹
花样 B。将帽檐芯放入帽檐中，将编织终点的 ★
与 ★ 对齐，钩织 1 行短针。
● 参照完成图，将主体与帽檐连接到一起。

帽檐
（条纹花样B）参见图示

锁针（22针）起针

38（76针）

★ =（38针）

10

11

11（22针）起针

11圈

※将帽檐芯放入帽檐中，把
★处对齐，钩织1行短针
（38针，墨水蓝色）。

主体
（条纹花样A）参见图示
后侧

66
（160针、20个花样）

21

21圈

1.5

4圈

（边缘编织）
墨水蓝色
50（100针）

（38针）
缝合帽檐的位置

▷ = 加线
► = 剪线

配色 {
— = 驼色
— = 墨水蓝色
}

和 = 变化的2针中长针的枣形针

= 长针的正拉针

= 2针长长针的枣形针（整段挑起）

完成图

主体

帽檐

使用卷针缝将
主体的♥处与
帽檐的★处缝
在一起（墨水
蓝色）

◎ = 5cm

将主体的第19圈与帽檐的
第7圈，位于前侧中线的
5cm的部分缝合（驼色）

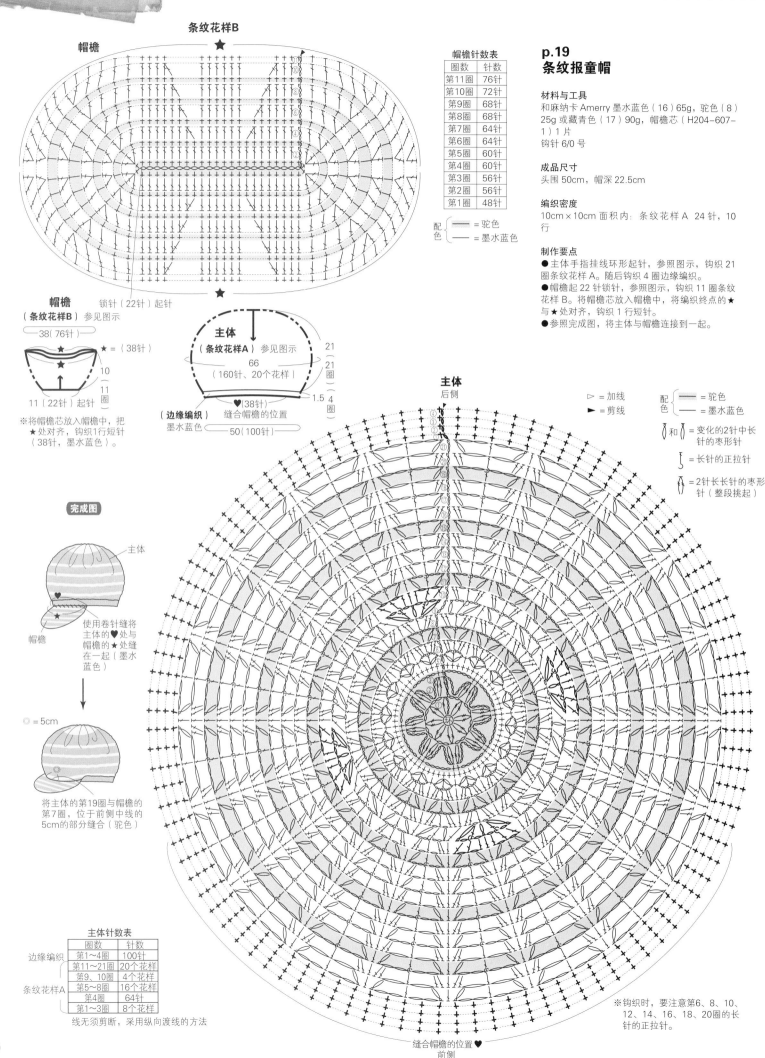

主体针数表		
	圈数	针数
边缘编织	第1~4圈	100针
条纹花样A	第11~21圈	20个花样
	第9、10圈	4个花样
	第5~8圈	16个花样
	第4圈	64针
	第1~3圈	8个花样

线无须剪断，采用纵向渡线的方法

缝合帽檐的位置 ♥
前侧

※钩织时，要注意第6、8、10、
12、14、16、18、20圈的长
针的正拉针。

p.20
萨米的连指手套

材料与工具
和麻纳卡 Rich More Percent 原色（120）45g，
红色（74）20g，蓝色（43）15g
棒针 4 号

成品尺寸
腕围 21cm，长 22.5cm

编织密度
10cm×10cm 面积内：配色花样 28.5 针，34 行

制作要点
●主体手指挂线起针，起 60 针，反面朝外连接
成环形，参照图示，编织 5 圈上针编织、5 圈下
针编织。随后采用横向渡线的方法编织配色花样。
在拇指的位置编入另线。指尖的位置，一边减针，
一边编织配色花样，共编织 14 圈。将线穿入最
后 1 圈中，收紧。
●拇指：在图示的位置穿入针后，解开另线，挑
取 26 针，按配色花样，编织 21 圈。将线穿入最
后 1 圈中，收紧。
●在主体上穿入线后，编六股辫，制作流苏后，
连接到其上面。

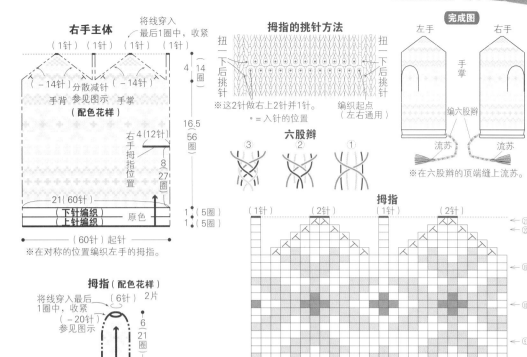

右手主体
（1针）（1针）（1针）（1针）
将线穿入最后1圈中，收紧
（-14针）分散减针（-14针）
手背 参见图示 手掌（配色花样）
4（14圈）
16.5（56圈）
右4（12针）
右手拇指位置
8（27圈）
（下针编织）原色
（上针编织）
1（5圈）
1（5圈）
（60针）起针
※在对称的位置编织左手的拇指。

拇指的挑针方法
扭一下后挑针
※这2针做右上2针并1针。
●=入针的位置

六股辫
③ ② ①

完成图
左手　右手
手掌
编六股辫
流苏
※在六股辫的顶端缝上流苏。

拇指（配色花样）
将线穿入最后1圈中，收紧
（6针）2片
（-20针）参见图示
6（21圈）
（26针）挑针

拇指
（1针）（2针）（1针）（2针）
编织起点
26 25　20　15　10　5　1

配色
□ = 口
■ = 蓝色
▨ = 红色
□ = 原色

流苏
2个
①在硬纸板上将3根线
（原色、红色、蓝色
各1根线）缠绕9圈。
一侧用线系紧。

硬纸板
使用3根线一起打结
7cm

※使用3根线，绕9圈。

②在距离顶端1.5cm
处用线系紧，将下
侧剪齐。

缝到六股辫上
用红色线系紧
6cm
剪齐

六股辫
原色、红色、蓝色各2根线

将60cm的线穿过主体的○处，对折后再编
※请参见右上方的图。

11cm

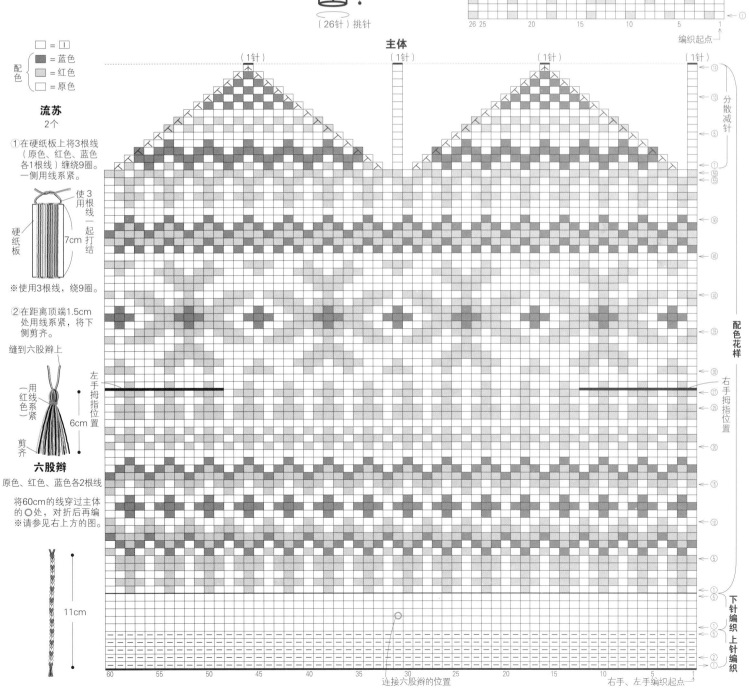

主体
（1针）（1针）（1针）（1针）
分散减针
配色花样
左手拇指位置　右手拇指位置
下针编织
上针编织
连接六股辫的位置　右手、左手编织起点
60　55　50　45　40　35　30　25　20　15　10　5　1

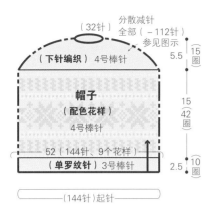

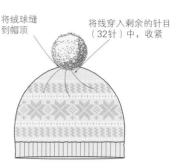

完成图

将绒球缝到帽顶
将线穿入剩余的针目（32针）中，收紧

p.21
八芒星编织帽

材料与工具
芭贝 Shetland 灰色（30）60g，藏青色（20）25g，黄色（39）20g
棒针4号、3号

成品尺寸
头围52cm，帽深23cm

编织密度
10cm×10cm 面积内：配色花样27.5针，28行

制作要点
●手指挂线起针，起144针，连接成环形，编织10圈单罗纹针。随后使用横向渡线的方法编织42圈配色花样，一边做分散减针，一边做下针编织，编织15圈。将线穿入编织终点剩余的针目（32针）中，收紧。
●参照图示制作绒球，缝到帽顶。

绒球
黄色 1个

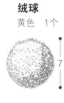

绒球的制作方法

剪断 系紧
硬纸板
※缠绕180圈。
剪齐
剪齐

帽子

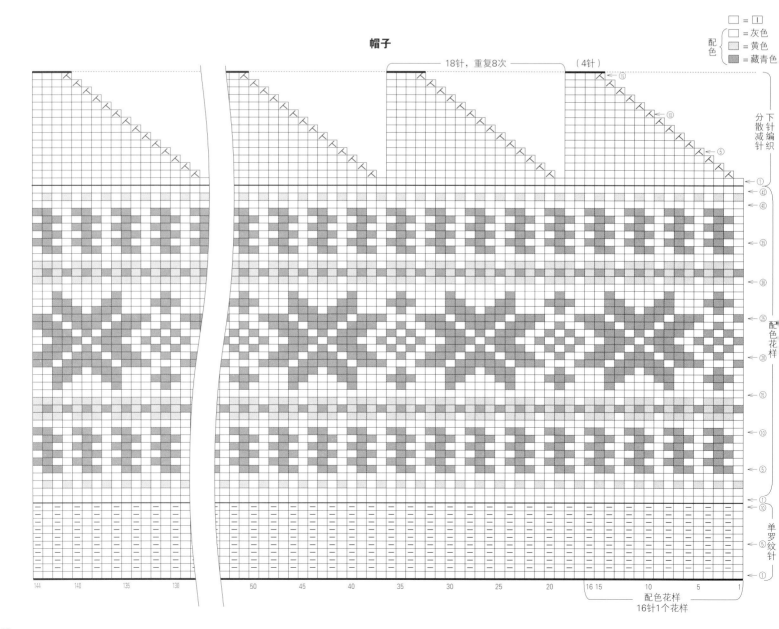

p.23
花朵花样的连指手套

材料与工具
Keito Jamieson's Shetland Spindrift 绿色（792）
23g，浅灰色（127）15g
迷你棒针3号、2号（均为5根针一组）

成品尺寸
腕围20cm，长22.5cm

编织密度
10cm×10cm面积内：配色花样28针，34行

制作要点
●主体手指挂线起针，起52针，连接成环形，参照图示编织19圈双罗纹条纹针，在配色花样的第1圈加针，采用横向渡线的方法编织配色花样。在拇指的位置编入另线。（左手、右手的位置不同，请注意。）指尖部分，一边减针，一边编织配色花样，共编织12圈。将线穿入最后1圈的针目中，收紧。
●解开拇指位置的另线，共挑取24针，拇指做下针编织，编织24圈。将线穿入最后1圈的针目中，收紧。

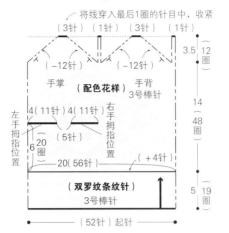

主体 2片

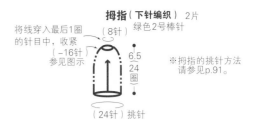

拇指〔下针编织〕 2片

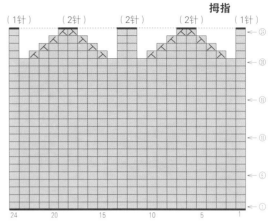

拇指

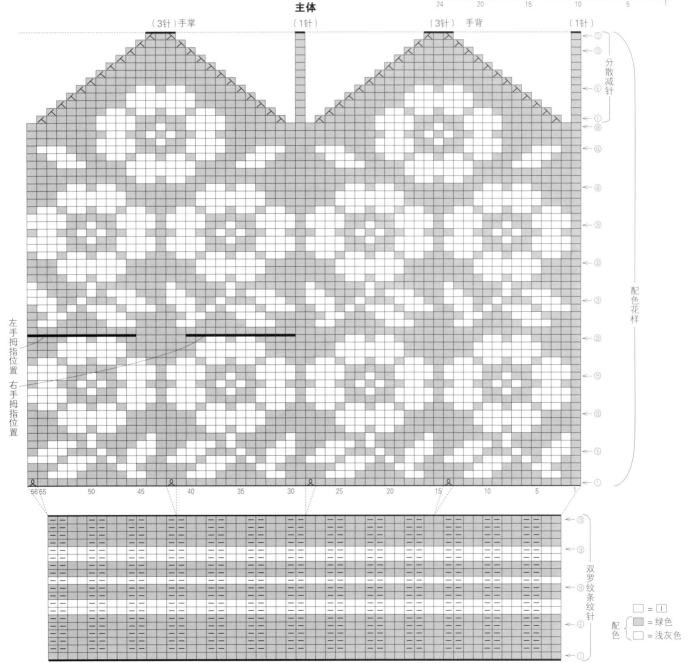

主体

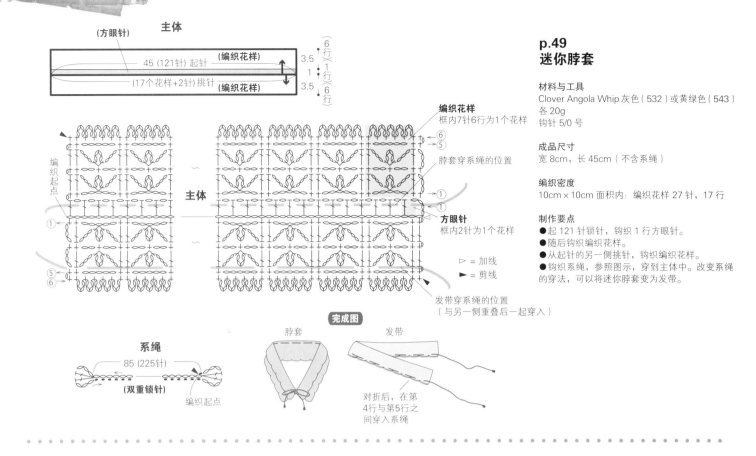

（方眼针）　主体

（编织花样）
45（121针）起针
（17个花样+2针）挑针
（编织花样）

3.5
1
3.5

6行×1行×6行

编织起点

主体

编织花样
框内7针6行为1个花样

脖套穿系绳的位置

方眼针
框内2针为1个花样

▷ = 加线
► = 剪线

发带穿系绳的位置
（与另一侧重叠后一起穿入）

完成图

系绳
85（225针）
（双重锁针）
编织起点

脖套

发带
对折后，在第
4行与第5行之
间穿入系绳

p.49
迷你脖套

材料与工具
Clover Angola Whip 灰色（532）或黄绿色（543）
各20g
钩针 5/0 号

成品尺寸
宽 8cm，长 45cm（不含系绳）

编织密度
10cm×10cm 面积内：编织花样 27 针，17 行

制作要点
●起 121 针锁针，钩织 1 行方眼针。
●随后钩织编织花样。
●从起针的另一侧挑针，钩织编织花样。
●钩织系绳，参照图示，穿到主体中。改变系绳
的穿法，可以将迷你脖套变为发带。

主体（花片连接）

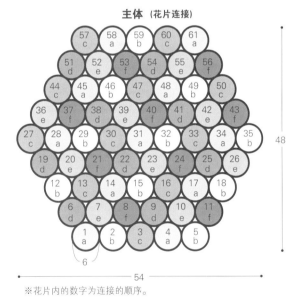

花片

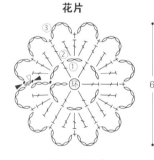

6

p.48
花片连接的多功能罩巾

材料与工具
和麻纳卡 Amerry 自然浅灰白色（20）40g，奶
油色（2）、玻璃绿色（13）、灰色（22）各
15g，浅蓝色（11）13g，橘色（4）、芥末黄色
（3）各 10g
钩针 6/0 号

成品尺寸
宽 54cm，长 48cm

制作要点
●手指挂线环形起针，钩织花片。
●从第 2 片开始，参照图示，在第 3 圈与之前的
花片钩织连接在一起。

48

54

※花片内的数字为连接的顺序。

配色及片数表

第1、2圈的颜色		片数
a	奶油色	11片
b	玻璃绿色	11片
c	灰色	11片
d	橘色	9片
e	浅蓝色	10片
f	芥末黄色	9片

第3圈全部使用自然浅灰白色。

▷ = 加线
► = 剪线

p.47
一衣两穿的披肩

材料与工具
Hobbyra Hobbyre Roving Ruru 红色系（8）175g
钩针 5/0 号、6/0 号，棒针 6 号

成品尺寸
胸围 68cm，长 42cm

编织密度
10cm×10cm 面积内：编织花样 20 针，12 行（5/0号钩针）

制作要点
●起 192 针锁针，连接成环形，使用 5/0 号钩针，钩织 12 圈编织花样。从第 13 圈开始，使用 6/0 号钩针编织。
●参照图示，从第 31 圈开始做分散加针。
●使用棒针从起针针目上挑 160 针，编织 15 圈双罗纹针。
●边缘编织，使用钩针，在双罗纹针第 15 圈的针目上做 2 针并 1 针的引拔针、2 针锁针，不断重复，钩织 1 圈。
●钩织罗纹绳，参照图示，穿到指定的位置。
●钩织 10 片叶子，参照图示，用锁针连接在一起，缝合到罗纹绳的两端。

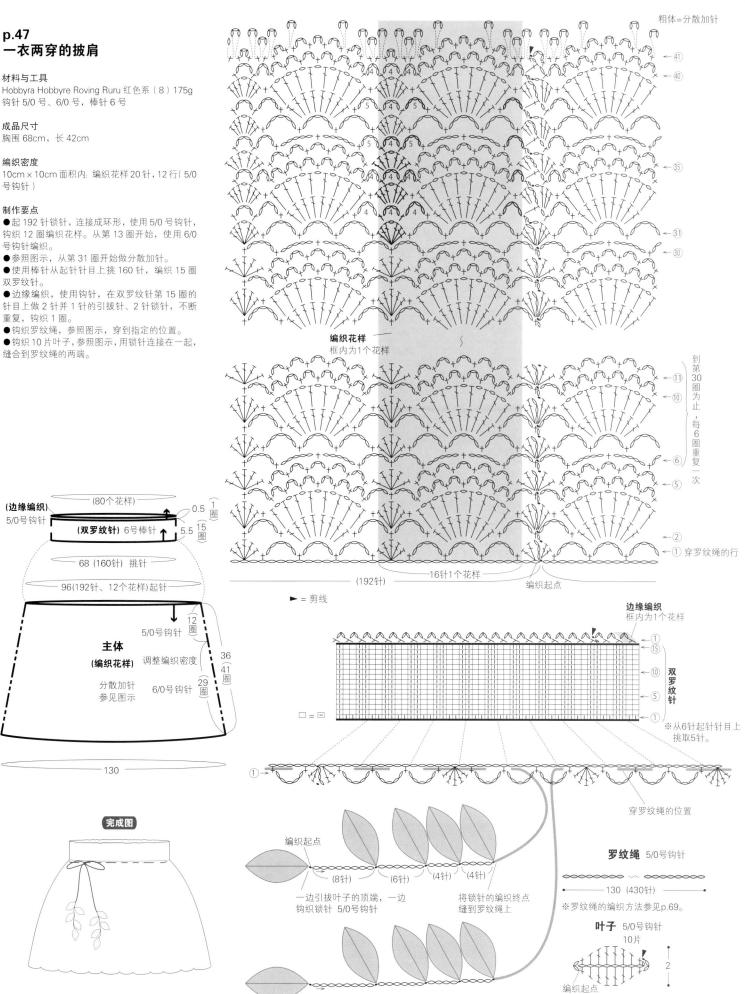

粗体=分散加针

编织花样
框内为1个花样

到第30圈为止，每6圈重复一次

16针1个花样

编织起点

（192针）

① 穿罗纹绳的行

► = 剪线

（边缘编织） （80个花样）
5/0号钩针 　0.5 〔1圈〕
（双罗纹针） 6号棒针 　5.5 〔15圈〕
68（160针） 挑针
96（192针、12个花样）起针

主体
（编织花样）
5/0号钩针 〔12圈〕
调整编织密度
分散加针 参见图示
6/0号钩针 〔29圈〕
〔36 41圈〕

130

完成图

边缘编织
框内为1个花样

双罗纹针

※从6针起针针目上挑取5针。

□ = ⊟

穿罗纹绳的位置

编织起点

一边引拔叶子的顶端，一边钩织锁针 5/0号钩针

（8针）（6针）（4针）（4针）

将锁针的编织终点缝到罗纹绳上

另一侧也相同

罗纹绳 5/0号钩针

130（430针）

※罗纹绳的编织方法参见p.69。

叶子 5/0号钩针 10片

编织起点

2

4

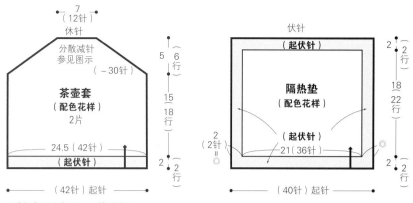

7
（12针）
休针
分散减针
参见图示
（−30针）
茶壶套
（配色花样）
2片
24.5（42针）
（起伏针）
5（6行）
15（18行）
2（2行）
（42针）起针

伏针
（起伏针）
隔热垫
（配色花样）
（起伏针）
21（36针）
2（2行）
18（22行）
2（2行）
2（2针）
2（2针）
（40针）起针

※除指定以外均用7mm棒针编织。

p.50
茶点时间套装

材料与工具
DARUMA Big Ball Mist原色（1）65g，蓝绿色（3）55g，直径2cm的纽扣2颗
棒针7mm，钩针10/0号

成品尺寸
参见图示

编织密度
10cm×10cm 面积内：配色花样 17针，12行；
下针编织 9针，10行

制作要点
●茶壶套使用1根7mm棒针手指挂线起针，起42针，编织起伏针。随后采用横向渡线的方法编织配色花样，无须加减针，编织18行。采用分散减针的方法，参照图示编织6行，休针。编织2片相同的织片。参照图示组合，在上部缝上装饰。
●隔热垫使用同样的方法手指挂线起针，起40针，参照图示，使用横向渡线的方法编织。
●马克杯套参照图示使用原色线和蓝绿色线各编织1片，分别组合在一起。

茶壶套

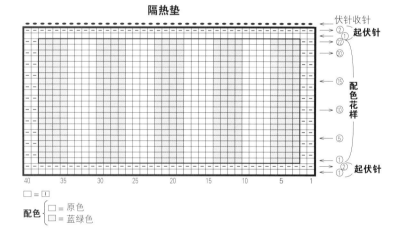

⑥⑤
①18
15
10
5
①①
配色花样

起伏针

□=││

配色{□=原色
　　□=蓝绿色

※利用反面的渡线，将其拉成裙裙的形状。

42 40　　35　　30　　25　　20　　15　　10　　5　　1

隔热垫

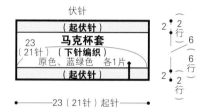

伏针收针
②22
20
15
10
5
①①
②①
配色花样

起伏针

□=││

配色{□=原色
　　□=蓝绿色

40　　35　　30　　25　　20　　15　　10　　5　　1

伏针
（起伏针）
23
（21针）
马克杯套
（下针编织）
原色、蓝绿色 各1片
（起伏针）
23（21针）起针
2（2行）
6（6行）
6（6行）
2（2行）

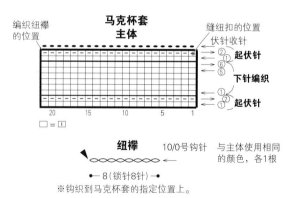

马克杯套
主体
编织纽襻的位置
缝纽扣的位置
伏针收针
①②
⑥⑤
①②
起伏针
下针编织
起伏针
20　　15　　10　　5　　1
□=││

纽襻　　10/0号钩针　　与主体使用相同的颜色，各1根
◀
8（锁针8针）
※钩织到马克杯套的指定位置上。

装饰的制作方法

①
硬纸板
4
※将2m长的原色线绕到硬纸板上。

②
将一端系紧
另一端不剪断，整理成圆形

装饰
原色 1个

4

完成图

茶壶套
将主体的编织终点挑针缝合后，把线穿入剩余的针目中，收紧
缝上装饰
6行

※将2片茶壶套反面相对，分别将上侧的5cm的部分与下侧的起伏针的部分挑针缝合。

马克杯套
纽襻
缝上纽扣
2行
挑针缝合

p.49
配色花样热水袋套

材料与工具
芭贝Mini Sport 黄绿色(685)175g,橙红色(719)
40g,直径3.5mm的皮绳2m
钩针6/0号

成品尺寸
宽24cm,深33cm

编织密度
10cm×10cm面积内:短针的条纹针20针,18
行;配色花样20针,17行

制作要点
●底部使用黄绿色线起25针锁针,参照图示一
边加针一边环形钩织短针的条纹针,共钩织12
圈。
●侧面使用短针的条纹针钩织配色花样,环形钩
织,无须加减针。配色花样采用横向渡线的方法。
然后钩织短针的条纹针。
●开口处钩织短针,前、后分别往返钩织10行。
●将开口处向内侧对折,做卷针缝,参照图示穿
入皮绳。在皮绳的顶端缝上装饰小球。

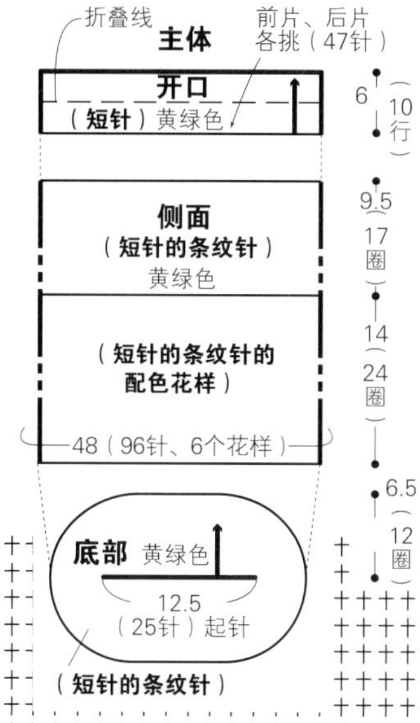

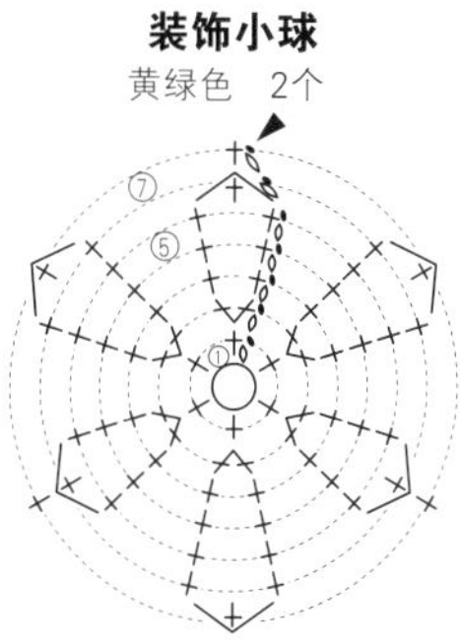

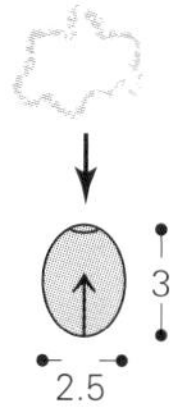

折叠线
主体
前片、后片
各挑(47针)

开口
(短针)黄绿色
6 (10行)

侧面
(短针的条纹针)
黄绿色

(短针的条纹针的
配色花样)

48(96针、6个花样)

9.5 (17圈)
14 (24圈)
6.5 (12圈)

底部 黄绿色
12.5 (25针)起针
(短针的条纹针)

装饰小球
黄绿色 2个

装饰小球的组合方法

2.5 / 3
※将线等填充物塞入。

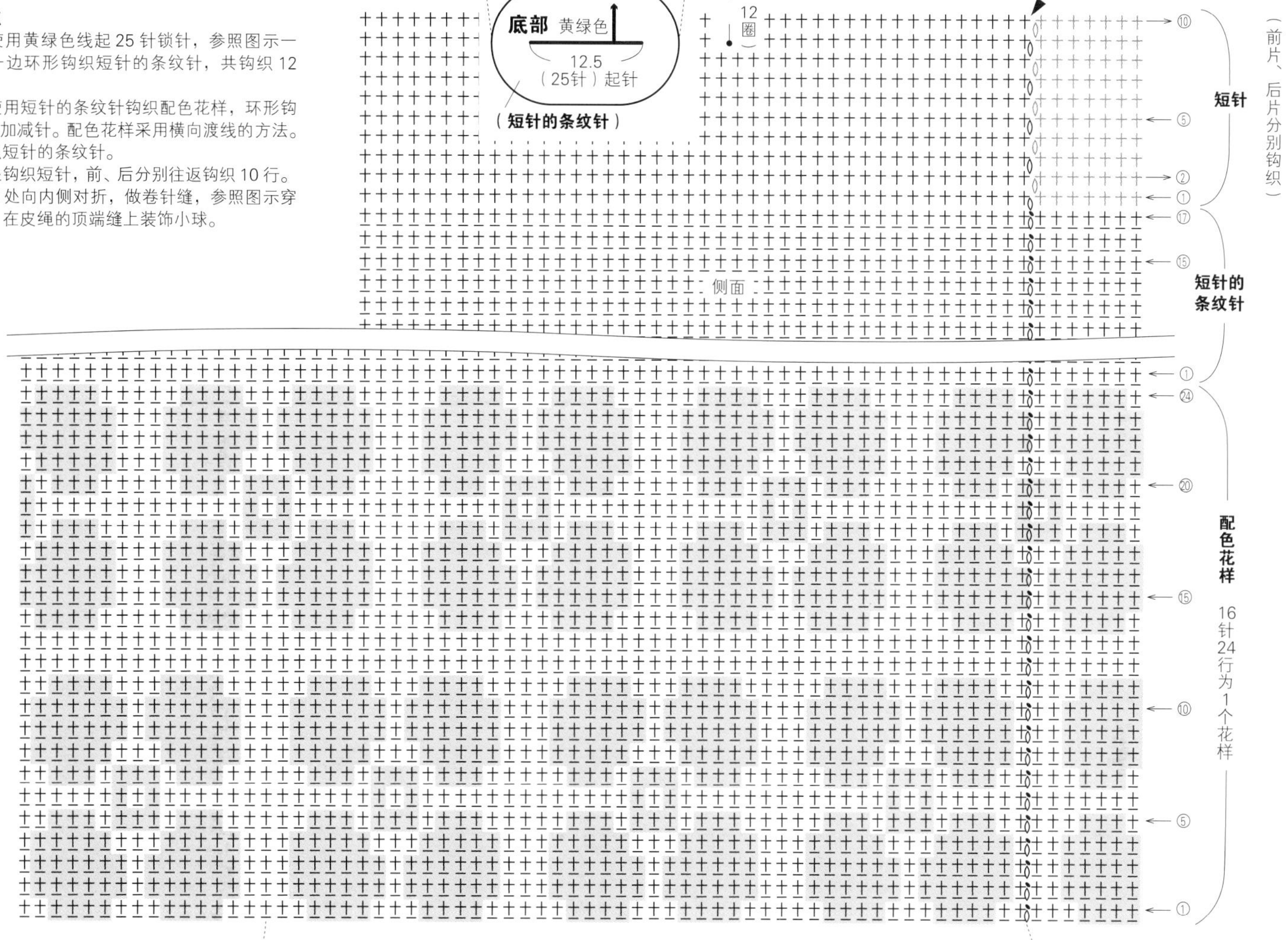

（前片、后片分别钩织）
短针
短针的条纹针
配色花样
16针24行为1个花样

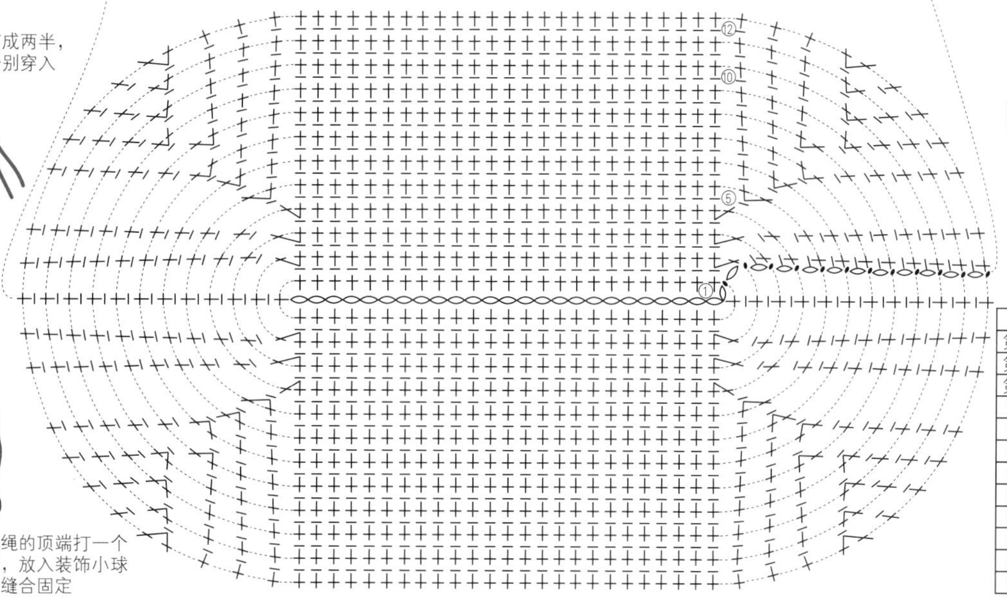

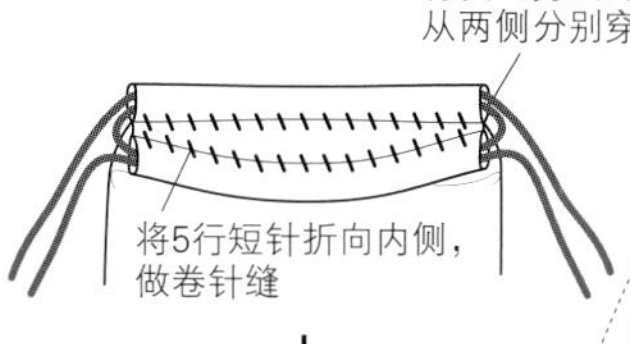

将皮绳剪成两半,
从两侧分别穿入

将5行短针折向内侧,
做卷针缝

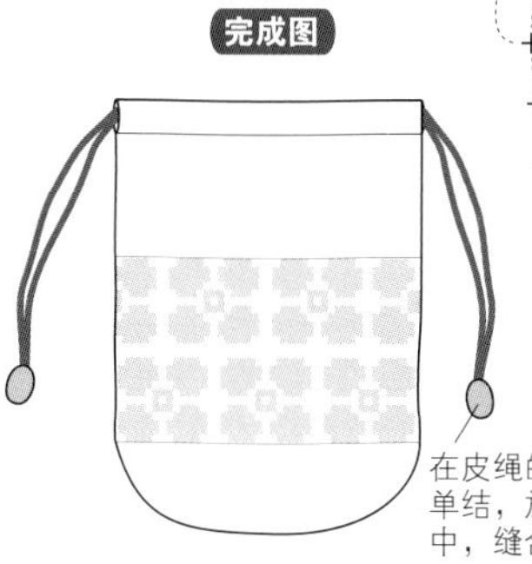

完成图

在皮绳的顶端打一个
单结,放入装饰小球
中,缝合固定

十 = 短针的条纹针

配色 { 十 = 黄绿色 / 十 = 橙红色 }

▶ = 剪线

底部的针数表

圈数	针数	
第12圈	96针	(+4针)
第11圈	92针	(+4针)
第10圈	88针	(+4针)
第9圈	84针	(+4针)
第8圈	80针	(+4针)
第7圈	76针	(+4针)
第6圈	72针	(+4针)
第5圈	68针	(+4针)
第4圈	64针	(+4针)
第3圈	60针	(+4针)
第2圈	56针	(+4针)
第1圈	52针	

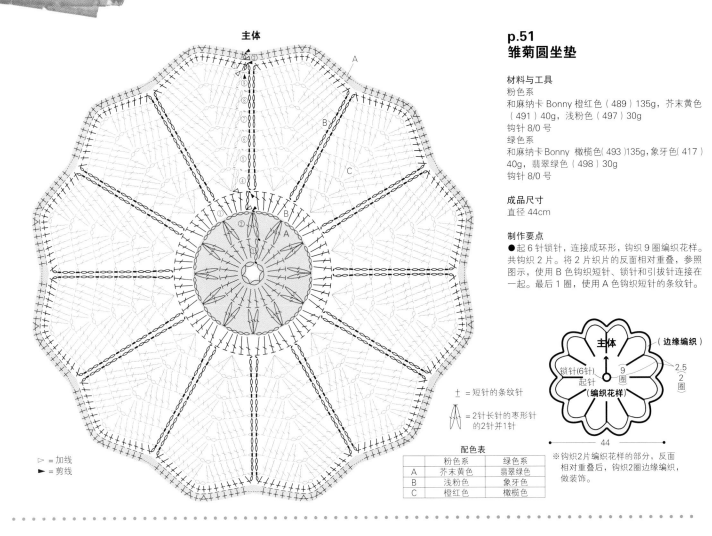

主体

▷ =加线
► =剪线

± = 短针的条纹针

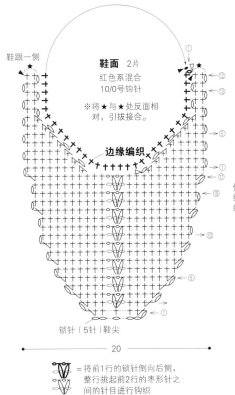 = 2针长针的枣形针的2针并1针

	粉色系	绿色系
A	芥末黄色	翡翠绿色
B	浅粉色	象牙色
C	橙红色	橄榄色

配色表

p.51
雏菊圆坐垫

材料与工具
粉色系
和麻纳卡 Bonny 橙红色（489）135g，芥末黄色（491）40g，浅粉色（497）30g
钩针 8/0 号
绿色系
和麻纳卡 Bonny 橄榄色（493）135g，象牙色（417）40g，翡翠绿色（498）30g
钩针 8/0 号

成品尺寸
直径 44cm

制作要点
●起 6 针锁针，连接成环形，钩织 9 圈编织花样。共钩织 2 片。将 2 片织片的反面相对重叠，参照图示，使用 B 色钩织短针、锁针和引拔针连接在一起。最后 1 圈，使用 A 色钩织短针的条纹针。

主体 （边缘编织）
锁针(6针)起针 9圈 2.5 2圈
编织花样
44
※钩织2片编织花样的部分，反面相对重叠后，钩织2圈边缘编织，做装饰。

组合方法

鞋面 2片
红色系混合
10/0号钩针
※将★与☆处反面相对，引拔接合。
边缘编织

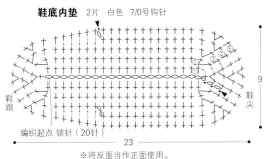

锁针（5针）鞋尖
20

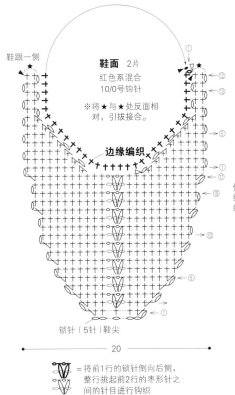 = 将前1行的锁针倒向后侧，整行挑起前2行的枣形针之间的针目进行钩织

鞋面 鞋底

鞋面

使用红色系混合线钩织32针短针的边缘编织
鞋底内垫 毛毡鞋底
①按照毛毡鞋底、鞋底内垫、鞋面的顺序叠放。
②从毛毡鞋底开始，使用红色系混合线钩织引拔针（7/0号钩针），将3片连接在一起。

引拔针（70针）

鞋底内垫 2片 白色 7/0号钩针

鞋跟 编织起点 锁针（20针） 鞋尖
23 9
※将反面当作正面使用。

p.52
暖融融的家居鞋

材料与工具
和麻纳卡 Canadian 3S <Tweed> 红色系混合（104）80g，Grand Etoffe 白色（101）40g，毛毡鞋底 1 双
钩针 10/0 号、7/0 号

成品尺寸
脚长 23cm

制作要点
●鞋尖一侧锁针起 5 针，参照图示，共钩织 29 行。将最后 1 行的★与☆反面相对，引拔接合。
●鞋底内垫起 20 针锁针，参照图示钩织短针。
●按照毛毡鞋底、鞋底内垫、鞋面的顺序重叠，从毛毡鞋底开始钩织引拔针，连接在一起。
●在鞋口的鞋跟一侧加线钩织 1 圈 32 针短针的边缘编织。

p.52
条纹袜

材料与工具
和麻纳卡 Korpokkur 灰色（3）75g，灰蓝色（20）
10g，红色（7）5g
钩针 3/0 号

成品尺寸
脚长 23cm，袜筒高 15cm

编织密度
10cm×10cm 面积内：条纹花样 B 12.5 个花样，
20 行

制作要点
●从脚尖开始钩织。锁针起 9 针备用。在锁针的
中间加线，一边加针，一边钩织编织花样，环形
钩织 6 圈，请注意钩织的方向。随后钩织条纹花
样 A、条纹花样 B，钩织 27 圈。脚跟部分，钩
织短针，从第 16 行开始在图中指定的位置引拔，
共钩织 31 行，调整好形状。再钩织 17 圈条纹花
样 B、6 圈边缘编织。
●使用同样的方法钩织另一只。

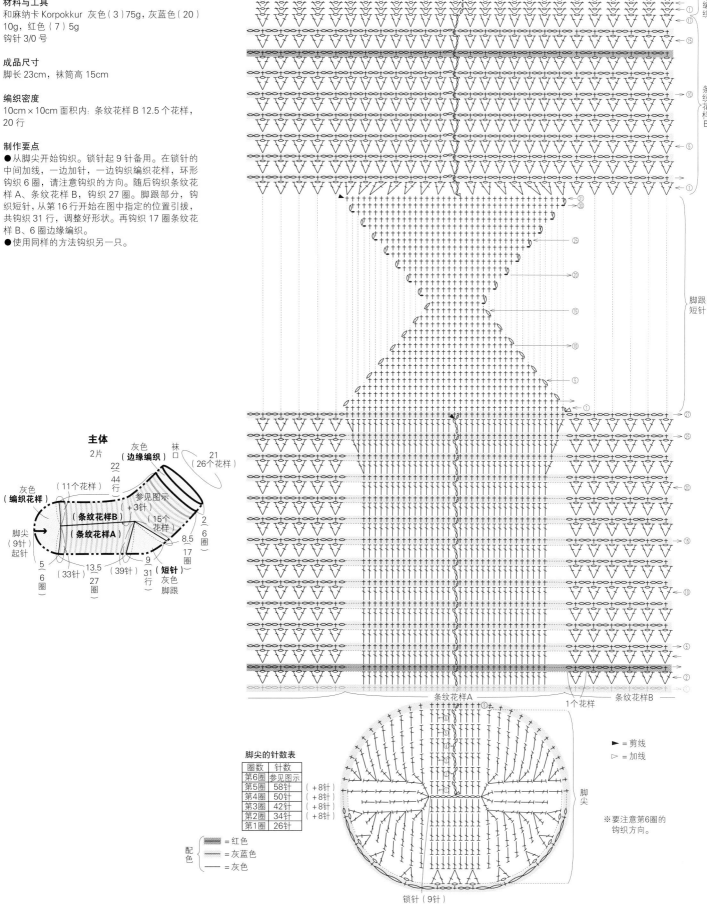

脚尖的针数表

圈数	针数	
第6圈	参见图示	
第5圈	58针	（+8针）
第4圈	50针	（+8针）
第3圈	42针	（+8针）
第2圈	34针	（+8针）
第1圈	26针	

配色 ▬▬ =红色
　　 ━━ =灰蓝色
　　 —— =灰色

► = 剪线
▷ = 加线

※要注意第6圈的
钩织方向。

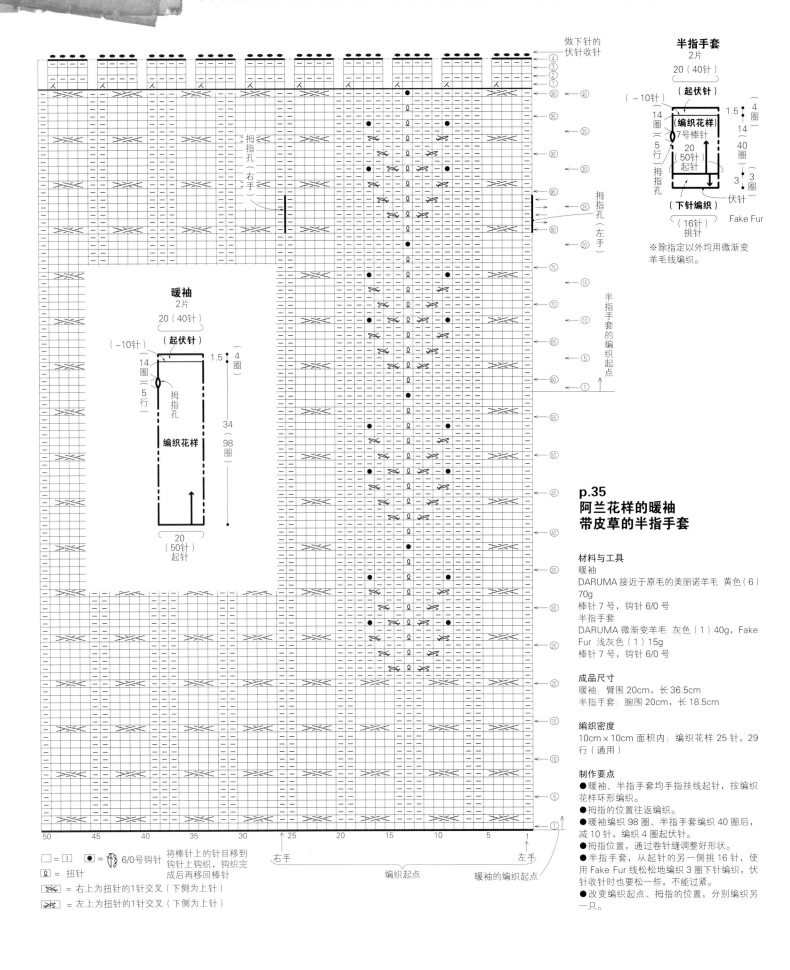

半指手套
2片
20（40针）
（起伏针）
（-10针）
14
圈
5
行
（编织花样）
7号棒针
20
（50针）
起针
拇
指
孔
（下针编织）
（16针）
挑针
Fake Fur

1.5 ┤ 4
圈
14
40
圈
3 ┤ 3
圈
伏针

※除指定以外均用微渐变羊毛线编织。

做下针的伏针收针

拇指孔（右手）

拇指孔（左手）

拇指孔的编织起点

半指手套的编织起点

暖袖
2片
20（40针）
（起伏针）
（-10针）
14
圈
5
行
拇
指
孔
编织花样

1.5 ┤ 4
圈

34
（98
圈）

20
（50针）
起针

p.35
阿兰花样的暖袖
带皮草的半指手套

材料与工具
暖袖
DARUMA 接近于原毛的美丽诺羊毛 黄色（6）
70g
棒针 7 号，钩针 6/0 号
半指手套
DARUMA 微渐变羊毛 灰色（1）40g，Fake
Fur 浅灰色（1）15g
棒针 7 号，钩针 6/0 号

成品尺寸
暖袖：臂围 20cm，长 36.5cm
半指手套：腕围 20cm，长 18.5cm

编织密度
10cm×10cm 面积内：编织花样 25 针，29
行（通用）

制作要点
●暖袖、半指手套均手指挂线起针，按编织花样环形编织。
●拇指的位置往返编织。
●暖袖编织 98 圈、半指手套编织 40 圈后，减 10 针，编织 4 圈起伏针。
●拇指位置，通过卷针缝调整好形状。
●半指手套，从起针的另一侧挑 16 针，使用 Fake Fur 线松松地编织 3 圈下针编织，伏针收针时也要松一些，不能过紧。
●改变编织起点、拇指的位置，分别编织另一只。

□ = ① ● = 6/0号钩针 将棒针上的针目移到钩针上钩织，钩织完成后再移回棒针

Ω = 扭针

= 右上为扭针的1针交叉（下侧为上针）

= 左上为扭针的1针交叉（下侧为上针）

右手

编织起点

左手

暖袖的编织起点

p.39
篮子编织手暖

材料与工具
Keito Jamieson's Shetland Spindrift 浅蓝色
（135）13g，灰色（127）10g
迷你棒针 4 号（5 根针一组）

成品尺寸
腕围 18cm，长 13.5cm

制作要点
●从第 1 排的块 1 开始编织。手指挂线起针，
起 5 针，参照图示编织 10 行桂花花样，随
后编织 5 针卷针加针，编织块 2 的桂花花样
至第 11 行为止。使用与块 2 同样的方法，
编织块 3~ 块 6，将线剪断（每一排编织完
成后都将线剪断，往返编织）。
●第 2 排的块 7，从块 1 上挑针，在做下针
编织的同时，与块 6 连接在一起，共编织
11 行。（块 7 编织完成后，整体连接成了
环形。）
●第 3 排～第 8 排，使用与第 2 排相同的
方法做下针编织。
●第 9 排的块 49，从第 8 排的块 43 上挑针，
编织 10 行桂花花样，编织终点的前 4 针，
也按照桂花花样的方法伏针收针。第 5 针要
与块 48 的针目做 2 针并 1 针，然后同样做
伏针收针。剩余的 1 针，作为块 50 的第 1 针，
再挑 4 针后，编织块 50。按照与块 50 相同
的方法，编织块 51~ 块 54。
●编织 2 片相同的织片。

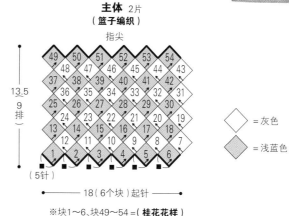

主体 2片
（篮子编织）
指尖

13.5

9 排

□ = 灰色

▨ = 浅蓝色

（5针）

◀━━━ 18（6个块）起针 ━━━▶

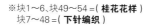

※块1～6、块49～54 =（桂花花样）
块7～48 =（下针编织）

主体

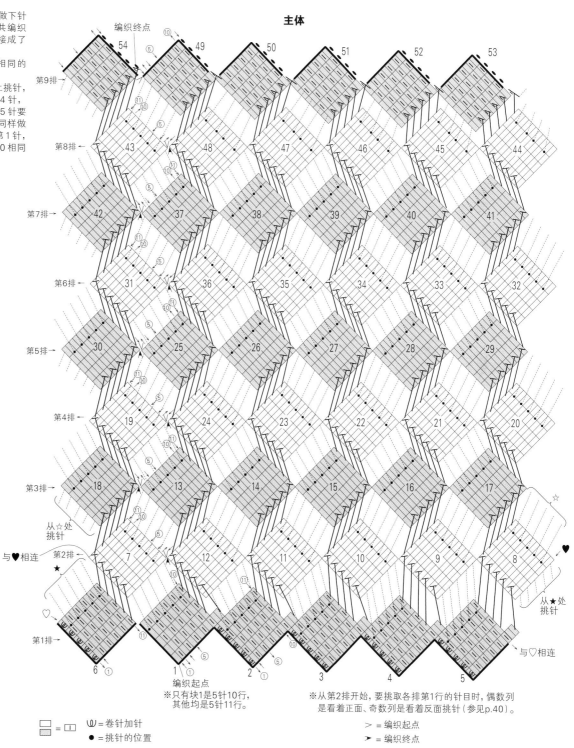

※只有块1是5针10行，
其他均是5针11行。

※从第2排开始，要挑取各排第1行的针目时，偶数列
是看着正面，奇数列是看着反面挑针（参见p.40）。

□ = ▯ Ｗ = 卷针加针

▨ = ▯ ● = 挑针的位置

＞ = 编织起点

➤ = 编织终点

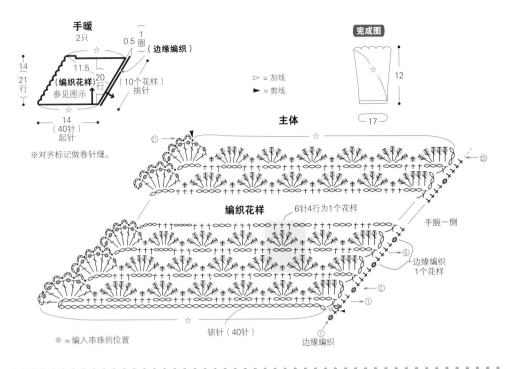

珠编手暖

材料与工具
和麻纳卡 Alpaca Mohair Fine 白色（1）20g，
大圆串珠 白色（MIYUKI#528）880 颗
钩针 5/0 号

成品尺寸
腕围 17cm，长 12cm

编织密度
1 个花样宽 2.1cm（6 针），高 3.4cm（4 行）

制作要点
●在钩织之前，将钩织一只手暖所需的 440 颗
串珠穿到线上备用。
●在需要编入串珠时，再将其一颗颗地移过来。
●由于串珠出现在反面，所以将反面当作正面
使用。使用卷针缝将☆处缝合。
●边缘编织也是在编入串珠的同时，环形钩织
1 圈。
●钩织 2 片相同的织片。

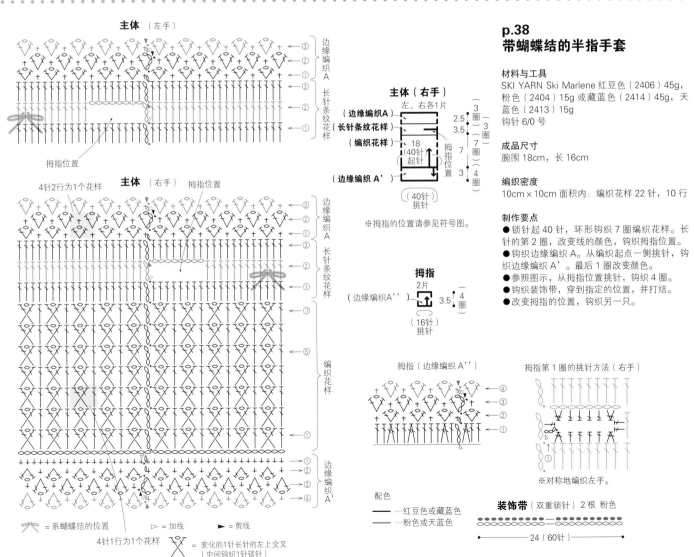

带蝴蝶结的半指手套

材料与工具
SKI YARN Ski Marlene 红豆色（2406）45g，
粉色（2404）15g 或藏蓝色（2414）45g，天
蓝色（2413）15g
钩针 6/0 号

成品尺寸
腕围 18cm，长 16cm

编织密度
10cm×10cm 面积内：编织花样 22 针，10 行

制作要点
●锁针起 40 针，环形钩织 7 圈编织花样。长
针的第 2 圈，改变线的颜色，钩织拇指位置。
●钩织边缘编织 A。从编织起点一侧挑针，钩
织边缘编织 A'。最后 1 圈改变颜色。
●参照图示，从拇指位置挑针，钩织 4 圈。
●钩织装饰带，穿到指定的位置，并打结。
●改变拇指的位置，钩织另一只。

p.6
暖腿

材料与工具
（后正产业）Lourdes 茶色（6）50g
钩针 4/0 号

成品尺寸
小腿围 30cm，长 38cm

制作要点
●主体起 72 针锁针，连接成环形，钩织 54 圈编织花样。
●随后环形钩织 8 圈边缘编织。
●从起针针目的另一侧开始挑针，环形钩织 10 圈边缘编织 B。
●编织 2 片相同的织片。

主体

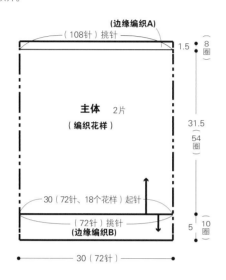

←⑧
←⑤
←①
边缘编织 A

㉘

←⑩
←⑤
←①
编织花样
4针6行为1个花样

←①
边缘编织 B
←⑩

▷ = 加线
► = 剪线

编织起点

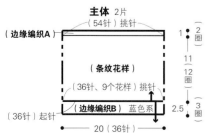

（108针）挑针　（边缘编织A）
1.5　8圈

主体　2片
（编织花样）

31.5　54圈

30（72针、18个花样）起针

（72针）挑针

（边缘编织B）
5　10圈

30（72针）

= 1针放2针的3针长针的枣形针

p.39
枣形针手暖

材料与工具
奥林巴斯 Maple Road 蓝色系、绿色系段染（5）30g，Tree House Forest 原色（101）15g
钩针 6/0 号

成品尺寸
腕围 20cm，长 14.5cm

制作要点
●使用 Maple Road 蓝色系的部分起 36 针锁针，连接成环形，钩织 3 圈边缘编织 B。另一片也先钩织好边缘编织 B 备用。
●从起针针目的另一侧挑针，钩织 12 圈条纹花样，随后钩织 2 圈边缘编织 A。使用 Maple Road 的绿色系部分和 Tree House Forest 钩织。
●编织 2 片相同的织片。

主体

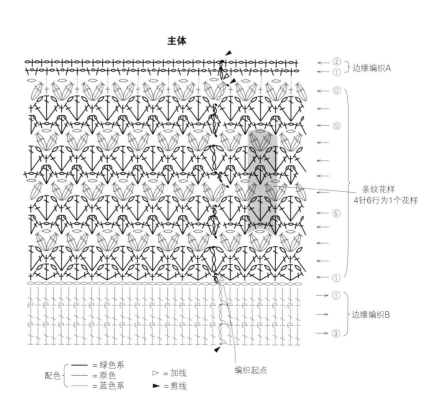

←②
←①
边缘编织A

⑫
⑩

条纹花样
4针6行为1个花样

⑤
←①

①
①
边缘编织B
③

配色{ = 绿色系
= 原色
= 蓝色系

▷ = 加线
► = 剪线

编织起点

主体　2片
（边缘编织A）（54针）挑针

1　2圈

（条纹花样）

11　12圈

（36针、9个花样）挑针

（边缘编织B）蓝色系

（36针）起针

2.5　3圈

20（36针）

主体

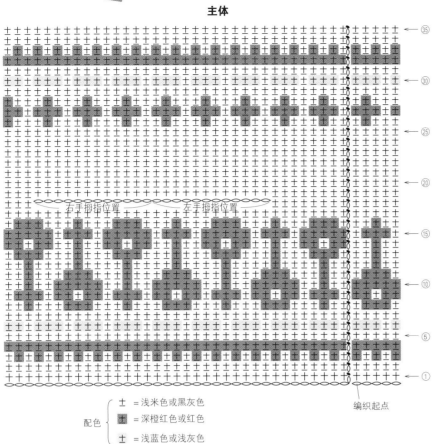

35 →
30 →
25 →
20 →
15 →
10 →
5 →
1 →

右手拇指位置　　左手拇指位置

编织起点

配色 {
十 = 浅米色或黑灰色
十 = 深橙红色或红色
十 = 浅蓝色或浅灰色
}

p.36
花朵花样的半指手套

材料与工具
和麻纳卡 Exceed Wool L< 中粗 > 浅米色（302）
或黑灰色（329）46g，深橙红色（343）或红
色（335）9g，浅蓝色（323）或浅灰色（327）
5g
钩针 5/0 号

成品尺寸
腕围 19cm，长 18cm

编织密度
10cm×10cm 面积内：短针的条纹针的配色花
样 21 针，19.5 行

制作要点
●主体使用浅米色线（黑灰色线）起 40 针锁针，
连接成环形，参照图示，钩织短针的条纹针的
配色花样。
●在第 18 圈的指定位置钩织 12 针锁针，作为
拇指位置。在下一圈，挑取锁针的半针和里山
2 根线，钩织短针。
●改变拇指的位置，钩织另一只。

主体 右、左各1只
（短针的条纹针的配色花样）

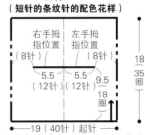

右手拇指位置（8针）　左手拇指位置（8针）
5.5（12针）　5.5（12针）　9.5
18（35圈）
18圈
19（40针）起针

p.58
豹纹围脖

材料与工具
Wister Savanna 橙色系混合（51）200g
棒针 7 号

成品尺寸
宽 25cm，长 125cm

编织密度
10cm×10cm 面积内：起伏针 19 针，36 行；
编织花样 22 针，24.5 行；单罗纹针 22.5 针，
26 行

制作要点
●主体另线锁针起 48 针，参照图示编织起伏
针。
●在编织花样的第 1 行加 6 针，在单罗纹针的
部分加 1 针，起伏针部分减 7 针。
●正面相对，解开另线锁针的起针，将编织起
点与编织终点盖针接合。

主体

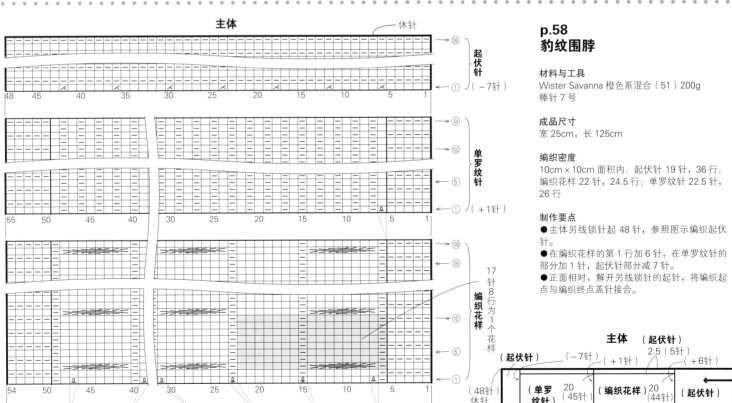

休针

起伏针（−7针）
36 →
1 →
48　45　40　35　30　25　20　15　10　5　1

单罗纹针
104 →
100 →
5 →
1 →（+1针）
55　50　45　40　30　25　20　15　10　5　1

编织花样
17 针 8 行为 1 个花样
108 →
105 →
10 →
5 →
1 →
54　50　45　40　30　25　20　15　10　5　1

起伏针
112 →
110 →
5 →
1 →
48　45　40　35　30　25　20　15　10　5　1

（48针休针）

主体 （起伏针）

（起伏针）（−7针）（+1针）2.5（5针）（+6针）
（单罗纹针）20（45针）（编织花样）20（44针）（起伏针）
40　104行　44　108行　31　112行
2.5（5针）（起伏针）
125　360行
10　36行
25（48针）起针

Ω = 扭针加针（将针目与针目之间的线扭一下以加针）　Ω = 上针的扭针加针　[图示] = 右上4针交叉

p.59
皮草披肩领

材料与工具
Wister Foxy Fur 米色系（22）60g，宽 12mm
的丝绒带（黑色）80cm
棒针 9 号

成品尺寸
颈围 48cm，下摆周长 74.5cm，宽 10cm

编织密度
10cm×10cm 面积内：下针编织 15 针，26 行

制作要点
- 手指挂线起针，起 72 针，一边做下针编织，一边分散加针，编织 22 行。
- 随后编织 4 行起伏针，松松地伏针收针。
- 将反面当作正面使用。
- 将丝绒带剪成两半，参照图示，缝合到主体的指定位置。

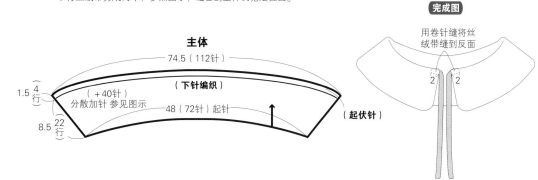

完成图

用卷针缝将丝
绒带缝到反面

主体

74.5（112针）

（下针编织）

1.5 / 4 行

（+40针）
分散加针 参见图示

48（72针）起针

8.5 / 22 行

（起伏针）

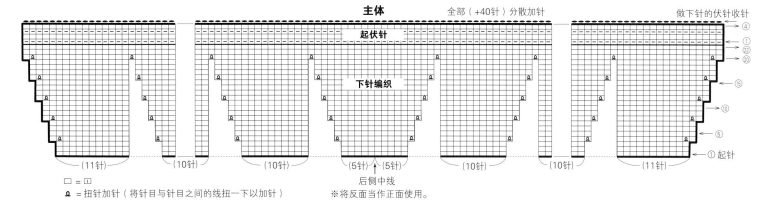

主体 全部（+40针）分散加针

做下针的伏针收针

起伏针

下针编织

后侧中线

※将反面当作正面使用。

（11针）（10针）（10针）（5针）（5针）（10针）（10针）（11针）

① 起针

□ = ▯
Ω = 扭针加针（将针目与针目之间的线扭一下以加针）

---

p.59
可以变成帽子的脖套

材料与工具
Wister Beanie 红色系（63）155g
棒针 15 号、14 号，钩针 8/0 号

成品尺寸
头围 49cm，深 25cm

编织密度
10cm×10cm 面积内：编织花样 13 针，18 行

制作要点
- 主体使用 14 号棒针手指挂线起 64 针，连接成环形，编织 3 圈单罗纹针。
- 换为 15 号棒针，按编织花样编织 39 圈，随后编织 3 圈单罗纹针，伏针收针。
- 参照图示，从反面在编织起点的单罗纹针（在反面看是下针的针目）中挑针，在 4 个位置钩织锁针的细绳。锁针的编织终点引拔。

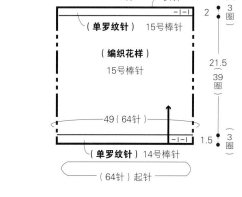

主体 伏针

（单罗纹针） 15号棒针

（编织花样）
15号棒针

49（64针）

（单罗纹针） 14号棒针

（64针）起针

2 / 3 圈
21.5 / 39 圈
1.5 / 3 圈

编织花样

□ = ▯
[X] = 右上1针与2针的交叉

细绳

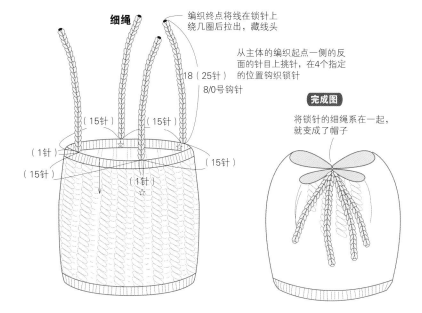

编织终点将线在锁针上
绕几圈后拉出，藏线头

从主体的编织起点一侧的反
面的针目上挑针，在4个指定
的位置钩织锁针
8/0号钩针

18（25针）

（15针）（15针）（1针）（15针）（15针）（1针）

完成图

将锁针的细绳系在一起，
就变成了帽子

※边缘编织中的中长针，
挑取短针的头部1根线
与尾部1根线进行钩织。

边缘编织
①

主体
编织花样

← ㊼

← ㊿

← ㊺

← ㊵

← ⑳

← ⑮

← ⑩

← ⑤

← ①

编织起点

4针2行为1个花样

⬤ = 缝纫扣位置

★ = 扣眼（利用花样的洞做扣眼）

▶ = 剪线

= 4针长针的枣形针
（整段挑起）

p.60
系扣脖套

材料与工具
匈牙利羊毛中粗 绿色（109）85g，直径 2cm 的
纽扣 3 颗
钩针 7/0 号

成品尺寸
宽 16cm，长 66.5cm

编织密度
10cm×10cm 面积内：编织花样 18 针，8.5 行

制作要点
●主体起 25 针锁针，参照图示钩织 55 行编织
花样。
●无须将线剪断，继续在主体的四周钩织 1 圈边
缘编织。
●在指定的位置分别钉上 3 颗纽扣。

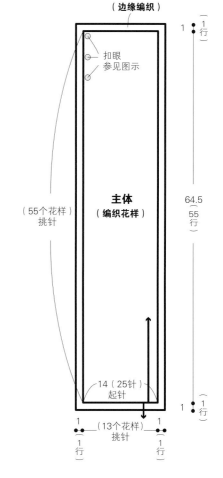

（边缘编织）

扣眼
参见图示

（55个花样）
挑针

主体
（编织花样）

64.5
（55
行）

1 • （1行）

1 • （1行）

14（25针）
起针

1 •（1行）   （13个花样）   1 •（1行）
         挑针

完成图

p.61
带抽绳的披肩

材料与工具
匈牙利羊毛粗 灰色（15）120g，原色（16）
40g
钩针 6/0 号

成品尺寸
颈围 50cm，长 20cm

编织密度
编织花样 A 的 1 个花样为 2.5cm，11 行为 10cm

制作要点
● 领口使用灰色线环形钩织边缘编织 a。随后钩织编织花样 A，钩织时请注意钩织的方向，共环形钩织 8 圈。
● 在领口之后，参照图示，按编织花样 B 钩织 16 圈主体。
● 使用原色线钩织边缘编织 b。钩织时请注意钩织的方向。
● 钩织装饰带，穿到指定的位置上。穿着时，若需将领口折下，可以将装饰带的顶端从 ☆ 的位置，穿到反面后拉出。

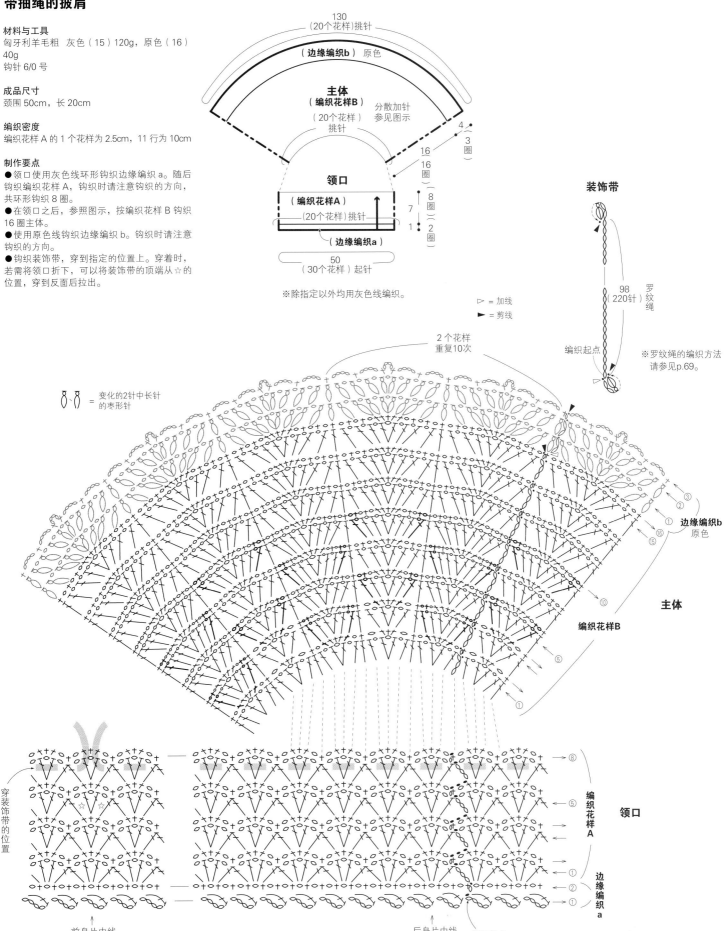

※除指定以外均用灰色线编织。

▷ = 加线
► = 剪线

图2 风帽顶的减针

（16针）　　　　　　　　　　　　　（16针）

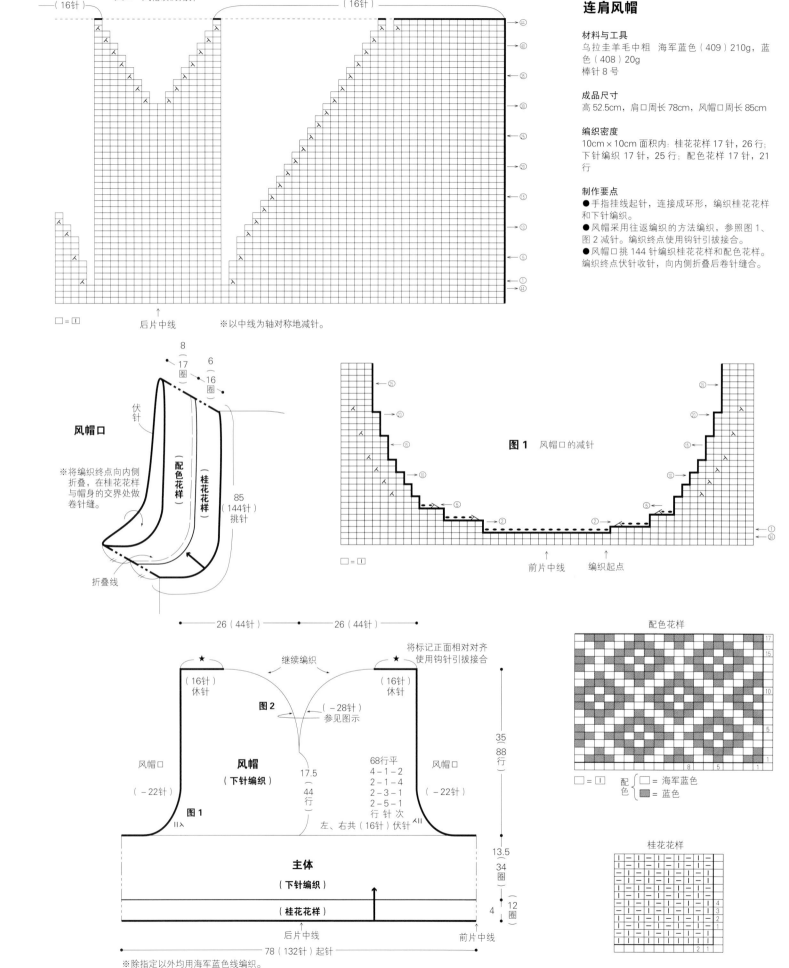

□ = ☐

后片中线　　　※以中线为轴对称地减针。

p.61
连肩风帽

材料与工具
乌拉圭羊毛中粗　海军蓝色（409）210g，蓝
色（408）20g
棒针8号

成品尺寸
高52.5cm，肩口周长78cm，风帽口周长85cm

编织密度
10cm×10cm 面积内：桂花花样17针，26行；
下针编织17针，25行；配色花样17针，21
行

制作要点
● 手指挂线起针，连接成环形，编织桂花花样
和下针编织。
● 风帽采用往返编织的方法编织，参照图1、
图2减针。编织终点使用钩针引拔接合。
● 风帽口挑144针编织桂花花样和配色花样。
编织终点伏针收针，向内侧折叠后卷针缝合。

图1 风帽口的减针

风帽口

※将编织终点向内侧
折叠，在桂花花样
与帽身的交界处做
卷针缝。

伏针

（配色花样）　（桂花花样）

85
（144针）
挑针

折叠线

前片中线　　　编织起点

□ = ☐

8
（17圈）
6
（16圈）

26（44针）　　26（44针）

将标记正面相对对齐
使用钩针引拔接合

★（16针）
休针

继续编织

★（16针）
休针

图2

（−28针）
参见图示

风帽口
（−22针）

风帽
（下针编织）

17.5
（44
行）

68行平
4−1−2
2−1−4
2−3−1
2−5−1
行　针　次

风帽口
（−22针）

图1

左、右共（16针）伏针

35
（88
行）

13.5

主体

（下针编织）

（桂花花样）

34
圈

4（12
圈）

后片中线　　　　　　前片中线

78（132针）起针

※除指定以外均用海军蓝色线编织。

配色花样

□ = ☐　配色　□ = 海军蓝色　■ = 蓝色

桂花花样

p.60
不规则条纹的围脖

材料与工具
乌拉圭羊毛极粗 海军蓝色（509）80g，黑色（517）80g，灰色（513）60g
棒针 10 号

成品尺寸
宽 20cm，长 130cm

编织密度
10cm×10cm 面积内：条纹花样 19.5 针，22 行

制作要点
●另线锁针起 39 针，使用海军蓝色线编织 36 行，按照配色条纹花样 A 编织 70 行。
●参照图中的排列继续编织。
●配色条纹花样中，无须将线剪断，直接渡线。
●编织终点休针，留出 80~90cm 的线头后剪断。
●解开编织起点的锁针，与编织终点的针目一起盖针接合。

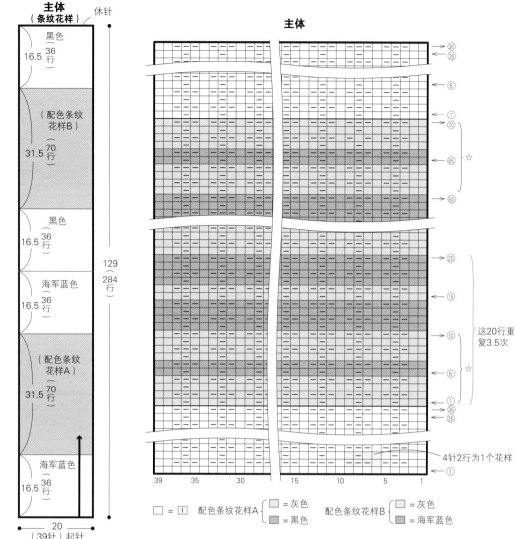

□ = 丨 配色条纹花样A { 灰色 黑色 配色条纹花样B { 灰色 海军蓝色

p.63
连袖披肩

材料与工具
Clover Jumbo Star 黑色系及银色的段染（61-515）265g
超粗棒针 10mm

成品尺寸
连肩袖长 72.5cm

编织密度
10cm×10cm 面积内：下针编织 9 针，10.5 行

制作要点
●主体手指挂线起 28 针，编织 10 行单罗纹针。
●随后编织 36 行下针编织，在两端加入线做记号。
●随后编织 30 行，加入线做记号。
●接着使用相同的方法编织另半部分，编织终点做上针织上针、下针织下针的伏针收针。
●对齐标记使用毛线缝针挑针缝合。
●衣领及下摆挑 100 针，环形编织单罗纹针，编织 16 圈，编织终点使用与袖口相同的方法伏针收针。

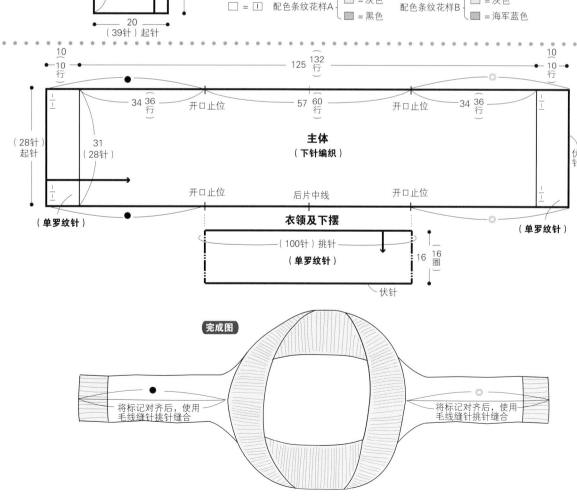

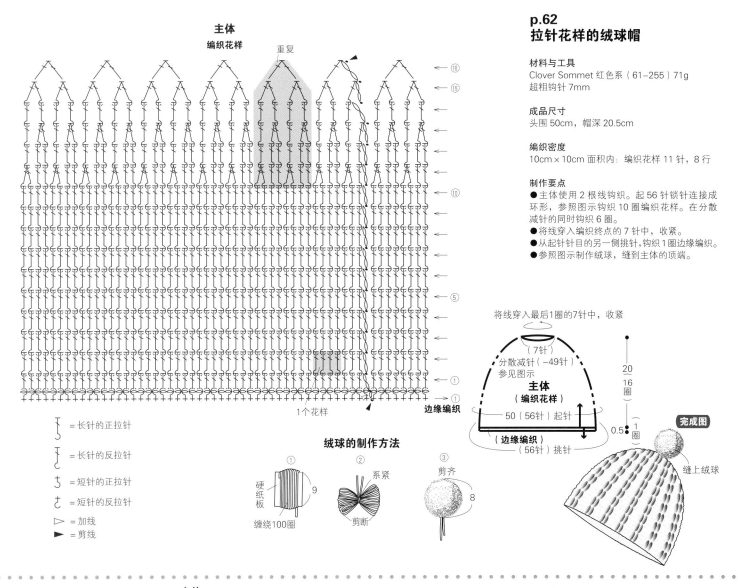

主体
编织花样

重复

1个花样

= 长针的正拉针

= 长针的反拉针

= 短针的正拉针

= 短针的反拉针

▷ = 加线

▶ = 剪线

边缘编织

绒球的制作方法

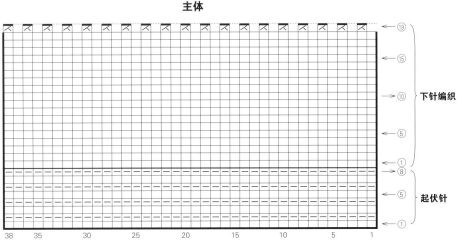

① 硬纸板 9 缠绕100圈

② 系紧 剪断

③ 剪齐 8

p.62
拉针花样的绒球帽

材料与工具
Clover Sommet 红色系（61-255）71g
超粗钩针 7mm

成品尺寸
头围 50cm，帽深 20.5cm

编织密度
10cm×10cm 面积内：编织花样 11 针，8 行

制作要点
● 主体使用 2 根线钩织。起 56 针锁针连接成环形，参照图示钩织 10 圈编织花样。在分散减针的同时钩织 6 圈。
● 将线穿入编织终点的 7 针中，收紧。
● 从起针针目的另一侧挑针，钩织 1 圈边缘编织。
● 参照图示制作绒球，缝到主体的顶端。

将线穿入最后1圈的7针中，收紧

（7针）

分散减针（-49针）
参见图示

主体
（编织花样）

50（56针）起针

（边缘编织）
（56针）挑针

20
16
圈

0.5
1
圈

完成图

缝上绒球

p.63
简约的无檐小帽

材料与工具
Clover Jumbo Carnival（图片左侧）藏青色系（61-503）、（图片右侧）茶色系（61-502）各 50g
超粗棒针 12mm

成品尺寸
头围 48cm，帽深 23cm

编织密度
10cm×10cm 面积内：下针编织 8 针，10.5 行

制作要点
● 手指挂线起针，起 38 针，往返编织 8 行起伏针。
● 随后编织 18 行下针编织。在第 19 行减为 19 针。缝合后将线穿入最后 1 行的针目中，收紧。

主体

下针编织

起伏针

□ = ꠪

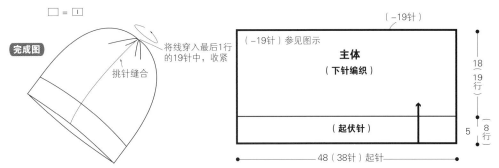

完成图

挑针缝合

将线穿入最后1行的19针中，收紧

（-19针）

（-19针）参见图示

主体
（下针编织）

（起伏针）

48（38针）起针

18
（19
行）

5
（8
行）

p.66
条纹图案的小挎包

材料与工具

※p.66 图中从左开始依次为 A、B。

A 梦色木棉线 白色（1）40g，浅蓝色（27）25g，直径 4mm 的细绳 1.5~1.6m，直径 1.8cm 的纽扣 1 颗
钩针 5/0 号

B 梦色木棉线 红色（9）25g，藏青色（15）24g，白色（1）16g，直径 4mm 的细绳 1.5~1.6m，直径 1.8cm 的纽扣 1 颗
钩针 5/0 号

成品尺寸

A：宽 13cm，包深 16cm
B：宽 16cm，包深 13cm

※ 织布方法参见 p.67。

主体 各2片

♥ = A 的包口
♡ = B 的包口

16 $\frac{}{}$ 102 行

←— 13（43针）—→

※将反面（朝向织布台的一面）当作正面使用。

小挎包的组合方法

B

全回针缝　细绳

（反面）

夹到角处　夹到角处

※将A折叠成纵向较长的样式，使用同样的方法组合。

1.织两片主体,处理完经线后,将两片正面相对对齐,在包底两个角的位置夹着细绳,将两侧及包底使用全回针缝的方法缝合在一起。

细绳卷针缝（正面）

2.将整体翻回正面,将细绳在左、右两侧做卷针缝。

完成图

A

将纽襻缝到主体上

将纽扣缝到主体上

B

将纽襻缝到主体上

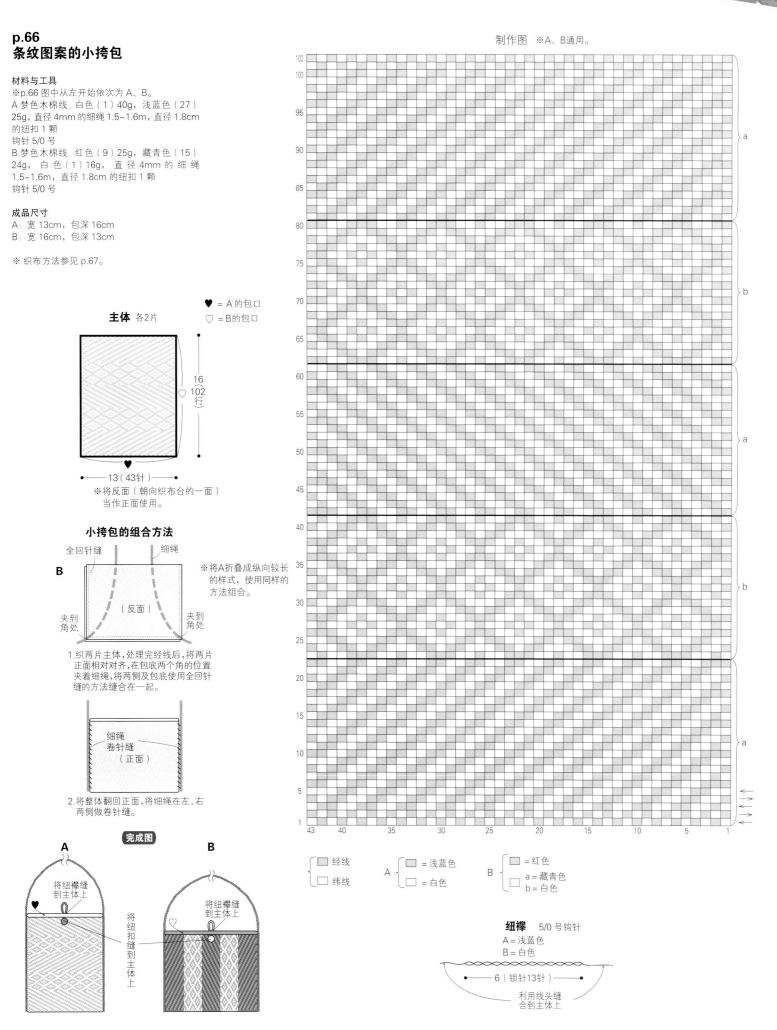

制作图 ※A、B通用。

经线
纬线

A ⎰ = 浅蓝色
　 ⎱ = 白色

B ⎰ = 红色
　 ⎰ a = 藏青色
　 ⎱ b = 白色

纽襻 5/0 号钩针
A = 浅蓝色
B = 白色

←— 6（锁针13针）—→

利用线头缝合到主体上

KNIT MARCHÉ vol.18（NV80427）

Copyright © NIHON VOGUE-SHA 2014 All rights reserved.

Photographers:MIYUKI TERAOKA,YUKARI SHIRAI,MIKI TANABE,NORIAKI MORIYA,KANA WATANABE

Original Japanese edition published in Japan by NIHON VOGUE CO.,LTD.,

Simplified Chinese translation rights arranged with BEIJING BAOKU

INTERNATIONAL CULTURAL DEVELOPMENT Co.,Ltd.

日本宝库社授权河南科学技术出版社在中国大陆独家出版发行本书中文简体字版本。

版权所有，翻印必究

备案号：豫著许可备字-2015-A-00000144

图书在版编目（CIP）数据

温暖的手编小时光 / 日本宝库社编著；风随影动译. —郑州：河南科学技术出版社，2018.1
（编织大花园；3）
ISBN 978-7-5349-8945-2

Ⅰ.①温…　Ⅱ.①日…　②风…　Ⅲ.①手工编织–图解　Ⅳ.①TS935.5–64

中国版本图书馆CIP数据核字（2017）第207720号

出版发行：河南科学技术出版社
　　　　　地址：郑州市经五路66号　　邮编：450002
　　　　　电话：（0371）65737028　　65788613
　　　　　网址：www.hnstp.cn
策划编辑：刘　欣
责任编辑：梁　娟
责任校对：王晓红
封面设计：张　伟
责任印制：张艳芳
印　　刷：北京盛通印刷股份有限公司
经　　销：全国新华书店
幅面尺寸：235 mm×297 mm　印张：7　字数：180千字
版　　次：2018年1月第1版　2018年1月第1次印刷
定　　价：49.00元

如发现印、装质量问题，影响阅读，请与出版社联系并调换。